U0174635

细说川菜

胡廉泉　李朝亮　罗成章　著

四川科学技术出版社

图书在版编目（CIP）数据

细说川菜 / 胡廉泉、李朝亮、罗成章著．—成都：
四川科学技术出版社，2019.7（2021.1重印）
ISBN 978-7-5364-9527-2

Ⅰ．①细…　Ⅱ．①胡…　②李…　③罗…　Ⅲ．①川菜—
烹饪　Ⅳ．① TS972.117

中国版本图书馆 CIP 数据核字（2019）第 146951 号

细说川菜
XISHUO CHUANCAI

著　　者　胡廉泉　李朝亮　罗成章

出 品 人　程佳月
责任编辑　罗小燕
责任出版　欧晓春
封面设计　韩健勇
出版发行　四川科学技术出版社
　　　　　成都市槐树街 2 号　邮政编码 610031
　　　　　官方微博：http://e.weibo.com/sckjcbs
　　　　　官方微信公众号：sckjcbs
　　　　　传真：028-87734030
成品尺寸　170mm×240mm
　　　　　印张 12.75　字数 260 千　插页 2
印　　刷　四川省南方印务有限公司
版　　次　2020 年 4 月第 1 版
印　　次　2021 年 1 月第 2 次印刷
定　　价　38.00 元

ISBN 978-7-5364-9527-2

小 引

几年前，我应成都新通惠实业有限责任公司总经理李朝亮先生之邀，为其所属的几家餐厅的厨师做烹饪技术讲座，讲座的内容着重于传统川菜的味型和烹饪技法，大家反映也还不错。

不久，李朝亮先生找到我说："你在餐饮行业搞了几十年，脑子里装了不少的东西，应该把这些东西整理出来。"我想也是。我18岁入行，27岁开始从事培训工作直到退休，算起来搞培训已有30多年了。几十年来，由于工作需要，我接触了烹饪行业的不少老师傅，并和他们中的一些人一起工作过，由此我了解和掌握了很多有关传统川菜的烹饪技巧和知识。

我想，倘若把多年来学习、研究川菜的心得体会整理出来，能为烹饪行业的发展起到一点作用，未尝不是一件好事。然而，由于我的视力日衰，加之久未提笔，觉得要完成这件事还真有不小难度，因此没有立即答应。为此，李朝亮先生想了一个办法，由我口述，请罗成章老师记录并整理成文，再由我校审，同时李朝亮先生还补充了一些他的认识和体会，于是几年下来，形成了40余万字的文稿。

如今，四川科学技术出版社将其中有关内容编辑成书，实现了我们的初衷，对此深表感谢。如果这本书的出版能对烹饪行业的发展起到一点作用的话，我认为还是十分有意义的。

胡廉泉

再版说明

ZAIBAN SHUOMING

　　《细说川菜》问世后，受到业内人士的广泛好评，赞誉之声甚而扬名海外。该书在国内书市很快断货，可以说海外高价也一书难求，甚至有国外的业内人士锲而不舍，不远万里追寻到成都新通惠实业有限责任公司求书，想谈本书的版权合作。因此我们认为有必要再版《细说川菜》。

　　一方水土养一方人，一方水土育一方菜。是四川这片具有得天独厚水土、气候条件的地域，是四川这片包容深厚人文历史文化的地域孕育出了传统川菜这颗中国餐饮业的璀璨明珠。其无可替代、无法复制、无比美味的品质，确定了它在中国菜系中的尊崇地位，也成就了它集万千宠爱于一身的魅力。

　　从先秦走来，传统川菜已有2000多年的历史，其今日之辉煌凝聚了上百代先辈的智慧和心血。古往今来，传统川菜基本是靠师带徒、口口相传、手把手教的方式得以传承，留存于世的文字较少。我从事传统川菜烹饪、企业管理和传统川菜文化研究四十余年。1979年成都餐厅开业之际，我参加了首次川菜专题片的拍摄；1986年成都文君酒家开业，我组织并主办了川菜技艺汇报表演，在这两次盛会上，我有幸结识了四川烹饪界众多德高望重的泰斗并得到了他们的亲自指点和教诲，从此我更与川菜结下了不解之缘。如今，眼看先辈川菜大师们一个个驾鹤西去，我心中不禁忧患重重：几十年乃至百年后，还有没有人能讲清楚传统川菜的前世今生？还有没有人能完整、正确地诠释传统川菜文化？因此传承传统川菜文化我有责无旁贷的责任。

　　如何传承传统川菜文化？我的构想：其一，在再版《细说川菜》的同时，出版其姊妹篇《细做川菜》，该书仍由我撑头，继续邀请胡廉泉、罗成章两位老师参与撰写；其二，将成都天府滇味餐厅作为传承川菜文化的示范店，目前《细做川菜》书中的部分菜品已在该餐厅烹制待客，让众多食客能品尝到正宗的传统川味美食。

李幼筠

2019年6月

目　录

川　菜　琐　谈

发现辣椒　　　　　　 / 3

一方水土育一方菜　 / 4

川菜七大类　　　　 / 5

味在其中　　　　　 / 7

"辣"字当头　　　　 / 8

川菜调味很重要　　 /10

做菜要讲规矩　　　 /12

极具个性的川菜烹调方法　/13

　　小煎小炒　　 / 13

　　干煸干烧　　 / 14

　　家常烧　　　 / 16

　　凉拌、炸收　 / 18

玩 味 川 菜

说不尽的四川味　　/ 23

独一无二的川菜冷菜　　/ 25

平和淡雅数咸鲜　　/ 28

柔和辛香的红油味　　/ 34

香麻醇厚的椒麻味　　/ 37

辣而不燥，香在其中的麻辣味　　/ 40

五味调和百味香，说"怪味"　　/ 43

激出来的鱼香味　　/ 46

爽口、爽胃话姜汁　　/ 48

微辣而香的煳辣味　　/ 51

酸酸甜甜说糖醋　　/ 54

咸辣鲜香的蒜泥味　　/ 58

家庭喜爱的酸辣味　　/ 61

林林总总的香味一族　　/ 64

蕴藏于大众便餐菜中的热菜　　/ 69

咸鲜风味都喜爱　　/ 72

于麻辣中品味出鲜香　　/ 77

不能忘怀的家常味　　/ 80

诱人的鱼香味　　/ 84

辣而不燥、辣中有香的煳辣荔枝味　　/ 89

酸酸甜甜醋熘味　　/ 93

辛香醇浓、酸咸适口话姜汁　　/ 96

不一样的五香风味　　/ 98

开胃、醒酒的酸辣味　　/ 101

浓浓的酱醋香味　　/ 104

盐和糖的对话——咸甜风味　　/ 107

乡土气息酸咸味　　/ 109

甜香甜美甜香味　　/ 112

话说家常菜

好吃莫过家常菜　　/ 117

说"炒"　　/ 119

白油肉片的烹调方法　　/ 121

辣子鸡与宫保鸡　　/ 124

鱼香肉片与家常牛肉丝　　/ 126

盐煎肉和回锅肉　　/ 129

蒜薹鸡丝和韭黄肉丝　　/ 130

野鸡红和番茄炒蛋　　/ 134

谈"熘"　　/ 136

鲜熘鱼片和蚕豆熘虾仁　　/ 137

侃"烧"　　/ 140

烧牛肉　　/ 141

红萝卜烧五花肉和魔芋烧鸭　　/ 143

目录

姜汁热味肘子和豆瓣瓦块鱼 / 145

大蒜烧鲢鱼和香菌烧鸡 / 148

熠豆腐 / 150

炖与汆煮 / 154

烧与烩 / 162

田席·"四姨妈"·蒸菜 / 165

家常冷菜技法 / 172

冷菜之一：凉拌 / 172

冷菜之二：炸收、香卤 / 181

川菜二三事

四川泡菜坛子 / 187

泡菜人温兴发 / 188

芙蓉鸡片的由来 / 188

姜汁热味鸡的四种做法 / 190

百年前的个子菜 / 190

几道被遗忘的百年菜 / 194

川菜琐谈

CHUANCAI SUOTAN

发现辣椒

川菜，起源于先秦时期的巴国和蜀国，于两汉、两晋朝代形成雏形，经过2 000多年的变迁、升华，经历了无数代人的心血和千锤百炼，到今天已成为我国著名的菜系之一。

西汉著名的辞赋家扬雄（成都人）在其《蜀都赋》中，比较系统地描述了汉代四川地区的烹饪原料、烹饪技艺、川式筵宴及饮食习俗。

西晋文学家左思在《蜀都赋》中写道："……三蜀之豪，时来时往……若其旧俗，终冬始春。吉日良辰，置酒高堂，以御嘉宾。金罍中坐，肴烟四陈。觞以清醥，鲜以紫鳞。羽爵执竞，丝竹乃发。巴姬弹弦，汉女击节。起西音于促柱，歌江上之飉厉。纡长袖而屡舞，翩跹跹以裔裔。合樽促席，引满相罚。乐饮今夕，一醉累月……"满桌的美酒、佳肴，乐舞助餐的热闹场面，富豪们朝夕狂欢，月余不醒的肴靡之风，跃然字里行间，从一个侧面反映了当时四川地道饮食的繁荣。

到北宋，川菜传入都城东京（现河南开封）；到南宋，川菜又传入都城临安（现浙江杭州）。两宋时的都城均出现了专门经营川菜的饭馆。

川菜真正形成自身的特点，还是在四川对辣椒的引进种植与广泛应用以后。

辣椒原产于南美洲。四川人又称其为海椒，其意是指它来自海外。

辣椒能在川菜中广泛应用，其特殊原因可能有以下几点：

原因之一，四川人喜食辣味。东晋一个名叫常璩的人，在所著《华阳国志》一书中描写四川人的饮食和口味习惯是："尚滋味""好辛香"。

原因之二，四川气候潮湿，人易得风湿病，常吃一点辣椒，可以促进人体血液循环并祛风湿。

原因之三，四川人天性节俭。辣椒富含辣椒素，能帮助胃肠蠕动。

两根辣椒或一小碟胡豆①瓣，四川人就可以吃一顿饭。

原因之四，辣椒含有丰富的维生素 C，有利于身体健康。

四川人把辣椒作为蔬菜、调料品来使用应该是清朝中后期。我认为是辣椒造就了川菜。

一方水土育一方菜

如果说"一方水土养一方人""一方水土育一方菜"的话，一方水土培育出的是一方菜肴的原料，而一方人烹饪出的就是能适应一方人生活习性的菜肴。四川菜肴或者说平民化川菜大致有如下四大本质特征：

第一，就地取材，不尚新异。

四川资源富集，物产丰富，被誉为"天府之国"。这给我们烹饪提供了十分优质、丰富的原料，不需要我们去追求一些新奇怪异的东西。

在四川，即使老百姓家里请客，待客的菜也十分丰盛，拌的、烧的、炒的、炖的，花样齐全，鸡、鸭、鱼、肉、素菜，一样不缺，花钱不多，丰盛大方，客人满意，主人高兴。

第二，物尽其用，节俭为本。

四川人做菜，萝卜打皮②后留着，萝卜心做正菜，萝卜皮做泡菜。买来蕹菜，蕹菜尖做炒菜，蕹菜秆嫩的部分切成颗，炒豆豉、青椒，又是一道下饭菜。有一道菜名叫茄把鳝鱼，又叫茄皮鳝鱼，就是用茄子把来烧鳝鱼，将茄子把取下来，合着鳝鱼烧。还有一道用豆腐渣做的菜，厨师先把豆渣进行处理加工，再配上猪头肉、鸭胸脯肉烹饪，菜名分别叫豆渣猪头、豆渣鸭脯，吃起来分外酥香。这两道菜现在已成为名川菜。

川菜的菜名大多朴实无华。像豆渣猪头、豆渣鸭脯，菜名就告诉你主料是豆渣。菜名较美的有凤爪、凤脯、鱼龙、鸡凤，鱼称为龙，鸡称为凤。有一道传统菜，名叫龙穿凤翅，其实，这个"龙"并非鱼，是用猪环喉制成蜈蚣样，穿在鸡翅上（煮熟后去掉骨头），再烧制而成。

第三，朴实无华，不失本色。

川菜给人的感觉是一目了然。一种菜肴往往由一种主料和一种或两种配料组成。无论什么菜肴都要注意保持自然形态和本色，色彩该淡雅

---

① 胡豆，学名蚕豆。
② 打皮，四川方言，去皮的意思。

就淡雅，如韭黄肉丝、白油肉片；色彩该浓艳就浓艳，如椒麻拌的菜，颜色肯定浓艳。

20世纪80年代，我陪从日本回川的中国名厨康健明先生吃饭，点了回锅肉、豆瓣鱼、连锅汤、素菜等六七道家常菜。饭后，我们请他题词，他写了"美味求真"四个字。我想，川菜厨师可以把这四个字奉为川菜烹饪的标准及对菜肴最高境界的追求。如果美味失去了真味，便不成其为美味。

第四，荤素结合，搭配合理。

川菜多数菜品是荤素搭配，纯粹用荤料做的菜并不多。比如回锅肉，要加蒜苗，或者加盐菜、青椒，现在也有加锅盔、干豇豆的。荤素搭配，从味道上讲，可以调节口味；从营养的角度讲，能均衡营养。川人平时喜做俏荤菜，正是体现了饮食的科学性。何谓"俏荤"，荤少于素也。

川菜的四大本质特征是川菜的优良传统。随着人们生活水平的提高，时代的进步，川菜应该结合现代饮食理念，在如何继承发扬优良传统上下功夫；在如何利用现有材料，合理组合、创新出既能保持川菜特点，又能为大众所接受的新菜品上下功夫；在既能让广大顾客饱口福，又吃得营养、吃得健康上下功夫。

川菜七大类

我认为，川菜应该分为七大类。

第一类，筵席菜。

筵席菜主要指筵席中用的一些大菜，当然，也包括海产品、干货制作的鱼翅、海参、鲍鱼等菜。

历史上就有专门制办筵席的包席馆。

筵席有几个特点：其一，菜肴用料高档，选料讲究，制作精细；其二，成菜大方、丰盛；其三，热菜的烹制方法以煨、烧、蒸、烩、炖为主，炒菜少或者没有；其四，餐具精美，摆台考究。概括起来即美食、美器。如清汤燕窝、干烧鱼翅、红烧海参、红烧鲍鱼等通常作头菜。其他大菜包括用鸭和鱼烧、烩、蒸、炖的菜品。鸭、鱼无论清蒸、炸、熘、烧都得上完整的。鱼多为河鲜，取其鲜活。

第二类，大众便餐菜。

大众便餐菜是中等以下餐馆、四六分饭馆经营的菜品。

何谓"四六分饭馆"？"分"是以前的一种计价单位，1分等于8文钱。四六分饭馆的一份炒菜一般是4分32文钱，客人多，饭馆就把菜炒成6分的量。用现在的话说，就是小份、中份结合。其饭馆菜肴的价格以4分、6分的居多，于是人们把这类饭馆称为四六分饭馆。

大众便餐菜品种很多，如魔芋烧鸭、姜汁热窝鸡、宫保肉丁、辣子鸡丁、泡菜鱼、豆瓣鱼、豆腐鱼等。大众便餐菜饭馆用料，以鸡、鸭、鱼、肉、蔬菜及小水产品为主要原料。大众便餐菜有一个特点，即来得快，去得快。因为吃大众便餐菜的客人，多数人是为充饥而来，人一坐下，便催你上菜。大众便餐菜饭馆的菜肴以炒菜、蒸菜、烧菜、拌菜为主。炒菜，一分把钟① 起锅；蒸菜，端起就走；烧菜，舀起就来；拌菜，拌上作料就吃。客人是三下五除二吃完，算完账就走，真是来得快也去得快。收入低点或想节约点的还可以去豆花饭馆吃饭。

第三类，家常菜。

家常菜，顾名思义指来源于民间、家庭的菜式。

要将家常菜与其他菜式区分开很难。川菜中凡带"家常"二字的菜肴，都应该是来源于民间、家庭，只不过是经过了厨师们的提高升华罢了。拿鱼香菜肴来讲，20年前，我曾请教一位70多岁的老厨师："你们当徒弟的时候，餐厅、饭馆有没有鱼香味的菜肴？"他想了想，摇摇头回答说："没有。"鱼香味是老百姓家常菜的味型。我看过一本清朝宣统元年（1909年）出版的书，名叫《成都通览》，书上列出的菜肴上千种，可就是没有鱼香味的菜肴。由此可见，鱼香味类菜肴来源于普通老百姓家庭。

第四类，"三蒸九扣"菜。

"三蒸九扣"，俗称"田席"。我把它归为农村风味菜。

何谓"三蒸九扣"？农村婚丧嫁娶、红白喜事，讲究办席，一搞就是几十桌、上百桌，开的是"流水席"，其菜肴以蒸菜和烧菜为主。人们将其概而言之，便取名为"三蒸九扣"菜。现在流行的蒸肉、咸烧白、甜烧白、焦皮肘子、蒸杂烩均属于这个菜式中的菜肴。豆花，还有用泡菜做的菜，用泡菜盐水做的菜也是来源于农村风味菜式。

---

① 一分把钟，四川方言，一分钟左右。

第五类，地方小吃类。

四川小吃包括糕、点、面、糖等。糕，指各种糕饼；点，指各种点心；面，指各种面条；糖，指以米为原料做的小吃，如汤圆、珍珠圆子、绿豆糕等，还包括原来"治德号"的小笼蒸牛肉、提篮叫卖的嘉定棒棒鸡、五香豆腐干、拌兔肉、灯影牛肉、夫妻肺片等。最早，陈麻婆豆腐在《中国名菜谱》中也被列入小吃类。

小吃与其他川菜菜肴的一大区别就是：小吃，只用来解馋，混混嘴，既不用它下饭，也不靠它果腹。而川菜其他菜肴则有果腹的作用。因此，以前进餐厅吃饭又称"大嚼馆子"。

前面讲的川菜五大类是一般人对川菜的归纳法。而我认为，川菜还应该包括下面两类：

第六类，四川清真菜。

川菜餐馆也吸纳了一些清真菜的菜品，比如，川菜中以牛、羊肉为主要原料的菜肴，许多就来源于清真菜，如熘毛肚、烧牛杂。川菜用的其他原料、配料、调料，清真菜都可以用，而且，四川的清真菜是用川菜的调味方法来烹制的。因此我认为，四川的清真菜应该纳入川菜的范畴。

第七类，素菜。

素菜分两种，一种是寺庙素菜，又称斋菜；另一种是行业素菜。

寺庙素菜的内涵与寺庙的戒律、信仰有关。其所称的荤菜，不仅指鸡、鸭、鱼、肉，对含有芳香物质的材料，也称为荤菜，如姜、葱、蒜、韭菜、芹菜、藠头、海椒、花椒等。寺庙素菜烹饪用的原料是素料、素油，就是植物油。成都经营素菜的寺庙有文殊院、宝光寺等。

行业素菜，说是素菜，其实是素料荤做，以荤托素。行业素菜所用的汤料，如清汤、奶汤是用鸡、鸭、鱼等原料制成的。而斋菜所用的清汤是用黄豆芽、口蘑熬制的，奶汤是用白萝卜加开水熬成的。

川菜七大类中，后六类菜肴最接近大众，因此，我认为川菜的主体、精华是第二类至第七类。这六类菜肴最能够体现川菜的特色，也最能够给外地人、外国人留下深刻的印象。

味在其中

味是川菜比较显著的特点。

那么，川菜味的特点体现在哪里呢？

一是味型多。冷、热菜常用的味型有 20 多种。

二是富于变化。这种变化因人而异，因时而异，因地而异，因物而异。即便同一种味型，如烟香味、酒香味、糟香味，都是以咸鲜味为基础，但其香味并非完全一样。

川菜最显著的特点是味型多样，富于变化。

川菜离不得麻辣，川菜 20 几个常用味型中有 13 种味型都与麻辣有关，这 13 种味型在川菜中又很有代表性。如果没有麻辣味，川菜还有什么特点呢？但是，如果说川菜味型的特点就是麻辣、味厚，那又不准确，因为川菜并不等于麻辣。只是在辣椒的运用上，川菜厨师得心应手。

调味与调味品有很大关系。四川有许多独具特色的风味调味品以及用于调味的辅助原料，如冬菜、芽菜、榨菜、大头菜、豆豉，不仅可作为调味品，有时还作为辅助的原料使用。做咸烧白，如果不加冬菜就没有咸烧白的风味了。还有豆豉，它既起调味的作用，又可以作小食品，在调味中起辅助的作用，对体现菜的风味所起的作用很大。再有，中坝酱油、阆中醋、郫县豆瓣等，都是四川生产的独特的调味品。在全国历届酿造品比赛中，四川的很多调味品都拿了大奖。四川的很多调味品是其他地方的调味品根本无法替代的，特别是郫县豆瓣，我们调制家常味菜肴，它是不可或缺的原料。

酱油有深色酱油、浅色酱油，红酱油有甜红酱油、咸红酱油，这是四川人根据酱油的色、味对其的区分法。以前川菜厨师做菜都是用四川产的酱油，使用本土调料，是川菜能形成自己的特色，形成自己的风味之关键所在。

"辣"字当头

谈川菜的特点要从味入手，谈川菜的味要从辣入手。辣，根据不同的风味要求，可以将辣椒分别做成不同形态、不同口感的调味品。比如，鲜红辣椒经过泡制便成了泡辣椒；鲜辣椒晒干便成了干辣椒；把鲜辣椒剁细，加点盐、花椒，经过晾晒，加点油，便成了水红辣椒。

干辣椒可以直接用于菜中，比如宫保及煳辣味的菜。把干辣椒舂成辣椒面，又可以做菜，比如干拌牛肉、干拌牛肚。干辣椒面煎红油，红油与熟油辣椒又可以分别作调味品，用于菜肴味型的调味。干辣椒用水泡过，待软后用碓窝舂茸便成了糍粑辣椒。干辣椒炸制后又叫煳辣，煳辣就是辣中带煳香。煳辣也可以归为香辣，这种辣不是很辣，因为经过煳化，辣椒素受到了一定程度的淡化，加上宫保菜肴里的糖分，对辣味也起了一定的缓解作用。火锅用糍粑辣椒起提色的作用。干辣椒炕后剁细，称作刀口辣椒。如水煮系列菜肴，面上撒的就是刀口辣椒；做香辣味的菜也需用刀口辣椒。你看，仅辣椒就有多种形态和味型。

川菜中很少直接用红辣椒做菜，至少要把辣椒泡一下或腌渍后再使用。

各种不同的辣椒形成了不同的风味。

泡辣椒有其独特的味道，在鱼香味中，泡辣椒起了主要的作用，它的辣味不同于郫县豆瓣的辣味，它带有泡菜的酸咸味，辣中略透出香味。在爆、熘、炒菜中，加点泡辣椒进去，不仅起到了调味的作用，更重要的是还能给菜肴增色增香。

做家常菜，豆瓣是主打调料。豆瓣经过酿造后，咸辣带鲜。郫县豆瓣颜色深、味道大，通常是把成都细豆瓣与郫县豆瓣混合使用。

辣椒油是冷菜中红油味的首选调料。辣椒油虽然也辣，但辣味轻微。糍粑辣椒没有鲜味，因为它经过干制，又没在油锅中炸过，因此辣味要比辣椒油重一些。

水红辣椒一般不用于做菜，适宜调味碟用。白水茄子、白水冬瓜用它蘸着吃，其辣味给人一种舒爽的感觉，还带着蔬菜的清香，别具风味。

辣味调味品丰富多彩，其辣味不仅有层次之分，还有轻重之别，而且有的还辣得有韵味。

龙潭寺产的辣椒名叫二荆条。二荆条堪称中国辣椒中品位最高的品种，无论色泽、肉头、形状均属上乘。有一年，成都市科学技术委员会把龙潭寺产的二荆条辣椒与什邡产的大红袍辣椒进行烹饪效果对比实验。实验的办法是，无论是蒸菜、烧菜、炒菜、拌菜，每种菜均做两份，分别用二荆条辣椒、大红袍辣椒做调味品。专家品尝后，其结论惊人一致，大家认为味美的菜肴均是二荆条辣椒做的调味品。

辣椒并非越辣越好，辣要有一个度，要让人感到爽快，如果辣得人翻肠倒肚、张口结舌，那不是享受，是受罪。

川菜厨师在辣椒的使用上充分发挥辣椒本身的特点，并不断地追求在辣味中富于变化。

第一种变化是风味不同，辣味不同，风味相同，辣味也有区别。

川菜中最麻辣的有水煮牛肉、麻婆豆腐；麻辣味稍微轻一点的，像家常味、鱼香味，其辣味就缓和得多；煳辣味、红油味，其辣味就更轻一些了。

第二种变化，即使是做同一道菜，在不同区域、不同时间，用不同原料，川菜厨师都会因人而异、因地而异、因时而异、因物而异，在辣味的使用上有所变化。

因人而异。川菜厨师到外省、到国外去做川菜，不能按照四川人的口味烹饪，要做到既保持川菜的风味特点，又要考虑当地人对辣味的接受程度。行业里常说的"降调"，便是此意。

因地而异。地域不一样，用味也不一样，特别是辣味。干燥的地方与潮湿的地方对辣味的感受是两回事，哪怕是同样的菜，用同样分量的辣椒，同一个人吃，在不同的地域感受完全不同。有一年，我去北京的四川饭店见师傅和学生，他们请我吃饭，上了红油鸡块、麻婆豆腐，感觉口感就不像在成都那么爽，辣味特别明显，并感到有些燥。

因时而异。天气热时，烹饪川菜用味要轻，用油要轻，用辣也要轻。

所谓用味轻，就是味不要太咸，以清淡为主；所谓用油轻，就是油脂不要放得过重，特别是大油不能过重；所谓用辣轻，就是辣椒不要放得过多，减轻辣椒对人体的过度刺激。辣椒用量过大会损伤味蕾，更会损害肠胃。天气寒冷时，则味可以重一点，油可以重一点，辣椒也可以多一点。

因物而异，有些原料能用辣椒，有些就不能用辣椒。比如，江团就不适合用辣椒。江团细嫩、鲜美，就是要品其本味，突出它的鲜美。

川菜调味很重要

在川菜的各种味型中，家常味、鱼香味、怪味等是川菜独有的、首创的。这些味型来自于民间，来自于家庭，来自于走街串巷的小商小贩，是川菜的一个重要特点。怪味又叫串味，此"怪"非彼"怪"，是褒义，不是贬义。

川菜除其味型多样，富于变化外，乡土风味浓烈、平民化色彩鲜明是其又一大特点。

川菜味的发展是指在品种上可以多做些文章，比如在怪味上，有怪味鸡、怪味兔、怪味花生仁、怪味腰果等。有些菜品实际上也带有怪味，并具有怪味的特征，如凉面，其中麻、辣、甜、咸、酸的味道都有，所以也是一种怪味。小食品、面食品中也有带怪味的，如花生仁拌萝卜干，麻、辣、甜、咸、酸，样样味道都有一点。怪味的基本特征就是五味调和。鱼香味的发展空间同样很大，在数量上，鱼香味菜品的品种比怪味菜品的品种多一些，但是也还没有用够。

我曾反复强调一个观点，学川菜烹饪，与其一道一道菜地学，毋宁学川菜的调味。比如，你想掌握鱼香味的菜品，只要把鱼香味调料的构成、搭配的比例、调制的要领、适用的范围弄得一清二楚，把鱼香味调准，知道用于冷菜怎么调，用于烧菜怎么调，用于炒菜怎么调，在此基础上再进行演变、引申，这样你将学会做很多川菜。如果鱼香拌青豆、鱼香腰果你会做，那么鱼香荤菜同样难不倒你，鱼香烧菜、鱼香炸熘菜、鱼香炒菜你也可以做，再向前发展，那就是看你的悟性了。现在高级的鱼香菜肴中已有鱼香龙虾，用的是熘炒的烹调做法，效果很好。

只要把味掌握好，在这个基础上你可以做出一系列的菜肴，无非是把材料做一些变化。俗话说，学菜不学味，等于白劳累。如果掌握了川菜的调味，也就把川菜的精髓学到手了。

川菜品种的多样化有一个纵向与横向的问题。纵向，就是烹制方法的演变；横向，就是味型的变化。川菜品种丰富、变化无穷，原因就在于味型的演变上。川菜能做出几千上万个品种来，是各种味型变化出来的。

所谓"一菜一格，百菜百味""食在中国，味在四川"。

味，是川菜的一大特点，味，是川菜的精髓。

如何进一步发展川菜？如何在味型上有所创新？既然调味离不开调味品，那么在选用调味品上，除了以使用四川产的调味品为主外，可以借鉴使用一些四川没有的调味品，例如蚝油（俗名牡蛎酱油）、海鲜酱、湖南菌油以及广东的沙茶酱等，包括国外味道鲜美的一些调味品都可以为我所用。但这并不等于说，做川菜可以用外地调味品代替四川调味品，更不是赞成调味品可以乱用。

做菜要讲规矩

一道菜有一道菜的用料特点和烹饪方法、操作规范，这样不同的菜肴才会有不同的风味特色。烹饪菜肴用的材料有主料、辅料、小料子、调味品之分。

主料，是一菜之主，体现菜的主体。

辅料，即辅助主料的材料。

小料子，又叫小宾俏。它在菜中起增色、增香、除异的作用，如姜片、蒜片、葱节、马耳朵泡椒。有的地方，小料子又要体现菜肴的风味，如烹制鱼香味菜肴用的姜米、蒜米、葱花，其作用不仅是增色、增香，还要体现风味，这是做鱼香味菜肴绝对少不了的三样东西。

调味品，是用来调制菜肴味道，使其滋味可口的材料。至于一道菜用哪些材料，需要根据菜的风味来决定。

如果做白油味的菜，就不能用花椒、辣椒，即便用辣椒，也是用泡辣椒，泡辣椒在这里起增色的作用。白油味菜肴属咸鲜味，其调料主体是盐，靠盐来提味，有的也加点酱油。白油肉片、熘鸡丝、熘鱼丝等，就不能加酱油，就是要给人白净的感觉，吃起来细嫩、滑爽。这些菜只能用盐渍。尽管盐和酱油都属于咸味的调味品，但各自要求不同，使用不同。有些白油味菜肴又可以搭①酱油，如白油肝片、火爆腰花。原因是这些菜肴本身颜色深，因此除了用盐外，也可以调点酱油进去，这是一种规范。

如果做鱼香味的菜，那必须用姜米、蒜米、泡辣椒茸、葱花、盐、酱油、醋、糖，咸、辣、酸、甜四味齐全，这是一种规范。加点花椒进去可不可以？不可以！因为风味里没有麻味，加花椒起什么作用？不加姜米、蒜米行不行？不行！因为鱼香味菜要体现浓烈的香味，用姜米、蒜米，菜的味才出得够，而姜片、蒜片出味没有姜米、蒜米出味浓烈。相反，炒肉丝、炒肉片、爆肝腰，则需用姜片、蒜片或姜丝、蒜丝，不宜用姜米、蒜米，这又是一种规范。

鱼香味的菜，姜用多少，蒜用多少，葱用多少，这又涉及一个量的掌握。

这些规范是先辈厨师们经过长期实践总结出来的经验，是他们心血

---

① 搭，四川方言，"加一点"的意思。

的结晶。如果根据自己的实践，对先辈们的有些经验进行科学的、适当的调整，再提高，使之更合理，也是好事，但如果把先辈们的好经验丢掉，那不是进步，是倒退。

成菜要靠厨师的烹调技术。烹调出来的味道好不好，火候的掌握也很重要，如果其他方面都达到要求了，而火候没拿捏好，烹调出来的菜照样不合格。

做菜，看起来很简单，但真正要做好，确实不容易。从购进材料，到粗加工，再到精加工，最后成菜，一条线流水作业，哪个环节都缺不了，也都出不得问题。菜做出来的质量如何，既反映了厨师烹调技艺的高低，也代表了这个餐厅的整体水平。

菜是商品，按理也应该有一个质量标准。标准，就是鉴评菜的七条要素，即色、香、味、形、器、圈、养，有感官鉴评，包括视觉效果、味觉效果、触觉效果三个方面；有程序鉴评，看厨师原材料使用是否合理，操作是否规范、熟练等。

极具个性的川菜烹调方法

川菜具有强烈个性特点的烹调方法：一是小煎小炒，二是干煸干烧，三是家常烧，四是凉拌、炸收。小煎小炒、干煸干烧、家常烧用于热菜，凉拌、炸收用于冷菜。

小煎小炒

从科学的角度讲，小煎小炒是保存原料营养成分最佳的一种烹饪方法，因为它成菜速度快，原料的营养成分损失比较小。

小煎小炒的特点可归纳为：急火短炒，临时兑汁，不过油，不换锅，一锅成菜。急火短炒，是对火候的要求；临时兑汁，是指在炒菜前才勾对滋汁；不过油，就是说不是从油里滑过再捞起来；不换锅，是指在一口锅里直接成菜。小煎小炒是煎、炒两种技法的综合运用。

《辞海》对小煎小炒解释：炒，就是原料下锅，不断翻簸使其熟；煎，就是用少量的油将食品制熟的一种烹饪方法。

我认为，小煎小炒，从火候与做菜的时间上要求比较高；对油的用量，要求一次放准。烹饪川菜，不能炒到中途再加油，更不能菜起锅的时候搭明油。

举一个例，如炒肉丝，先将肉丝码芡、码味后下锅，慢慢地把肉丝拨散，不能肉丝一下锅就去搋（翻弄的意思），一搋就脱芡了，肉丝受热后散开发白时，油已经很少了，然后再下配料炒熟，滋汁一下锅和匀即可装盘。此时，菜才慢慢吐出油来。

小煎小炒，油的使用很重要。时间上，小煎小炒不是以分而是以秒来计算，10几秒钟至20秒钟就得起锅。几分钟炒出来的菜，不是脱芡，就是老了。行业里有一种说法叫"拿火色"，称炒菜为"抢火菜"，说的就是菜在锅里的时间不能长，关键在于火候掌握得好不好。

火候包括两个概念：火，是指火力的大小、油温的高低；候，是指时间。川菜中很多菜需急火短炒烹制，火力至少是大火；油温至少是六成，并且中途不能加油，起锅不能搭油。炒得好的菜，应该达到收汁亮油、入口滑嫩的效果。

干煸干烧

干煸干烧与小煎小炒不一样，它们是两种各具特色的烹制方法。

干煸，有些地方又叫干炒。

干煸给人的感觉是锅里没有油。其实干煸也是要用油的，只是用油不多，同时，烹制的时间相对要长一些，火力不能太大，宜用中火。为了缩短烹制时间，干煸前，有一些原料需经过脱水处理，就是将原料在油里过一下或者在油里炸一下，让原料先脱去一部分水分。如干煸牛肉丝、干煸鳝鱼丝、干煸芸豆、干煸茭白等。干煸的目的，是要通过不断地翻炒，使原料散发一部分水分，然后才进行煸制。

原料经过脱水处理有几个好处：一是可以缩短菜肴烹制时间；二是利于原料初步成形，避免煸制过程中损伤原材料的形状。如干煸鳝鱼丝，事前不进行脱水处理而直接干煸，不仅耗费时间，而且原料还容易被煸烂。

干煸，用动物性原料与用植物性原料煸出来的菜，其特点完全不一样。

动物性原料干煸出来的菜有一个共同特点——酥软、干香，菜的内在质地给人的基本感觉仍然是软。

植物性原料干煸出来的菜也有一个共同特点——脆。如干煸茭白、干煸冬笋、干煸四季豆，吃起来就是脆的感觉。

在味的使用上，要根据干煸原料的质地来决定。

干煸腥味重的原料，除了在煸制过程中要加一些料酒、姜、蒜外，用味还宜重、宜厚，靠比较浓烈的味道来压制原料本身的腥膻味。比如干煸牛肉丝、干煸鳝鱼丝，一般麻辣味用得就重一些。

对没有多少腥膻味或没有腥膻味的原料，比如干煸肉丝，原料是猪肉，以咸鲜味为主，顶多加点干辣椒丝增加香味便可以了。干煸鱿鱼就不同了，吃的就是它的基本味，干煸时连干辣椒丝都不能放。

对植物性的原料，如冬笋、茭白、四季豆、豇豆等，干煸时，除了以咸鲜味为主外，还要加肉末、芽菜末带给其一种新风味。有一些用植物性原料干煸的菜肴，比如干煸黄豆芽，煸好后要加点干辣椒面、干花椒面，给菜增加一点风味。

但不管干煸什么菜，干煸时都必须注意两个问题：第一，由于制作时间比较长，因此火不宜大，以中火为宜，火大油温高，菜肴达不到干煸应有的效果。第二，用油量一定要少。干煸菜装盘后，一般不应该见到多余的油，渗出的油多了，其味和形会受到影响。比如干煸牛肉丝、干煸鳝鱼丝，装盘后给人的视觉效果应该是干酥的。

干煸菜一定要达到口感质地要求，如果干煸制成的菜，酥软干香感觉不明显，那整个烹制就算失败了。

干烧是烧法中的一种。

一般讲烧，是指利用汤汁作为导热介质，通过加热把原料制熟的一种方法。而川菜最有特点的烧法，一种是干烧，另一种是家常烧。人们将菜肴的烧法归纳成以下几种：

红烧与白烧。这是以颜色来区分。红烧体现酱色，就是我们通常说的银红色。它不是现在一些餐厅厨师理解的那样，红烧要加豆瓣。白烧，是指汁为白色。

生烧与熟烧。这是以所用原料是生料还是熟料来区别。比如红烧什锦，有生烧的，也有熟烧的。餐馆用的是熟烧法，但是也有生烧什锦的。烹制生烧什锦最有名的餐厅是成都的"努力餐"，其用于烧什锦的原料全是生料。熟烧与生烧各有所长，也各有所短。熟烧，因为原料已经经过煮制，所以成形比较好；生烧虽然成形比熟烧差一些，但它的鲜味要浓一些。

葱烧与酱烧。这是以体现某一种调味品的风味来划分的烧法。

葱烧，突出葱的香味，是以咸鲜味为主的一种烧法。如葱烧海参，山东的葱烧海参当属最好。原因很简单，山东大葱是葱中的上乘佳品。葱烧海参的用葱量一般都比较大。有些葱烧菜，没有几两①至半斤②的葱，可能就取不出所需浓度的葱味。有的厨师在葱烧的基础上加一点辣味，又做出了如葱辣鱼一类的菜。冷菜中有葱酥鱼，热菜中有葱烧鱼。

葱是很重要的调味品，与很多菜都相配，对和味起很大的作用，人们称它为"和事草"。

酱烧，突出面酱，也就是我们常说的甜酱的味。酱烧菜有酱烧茭白、酱烧冬笋、酱烧鸭条、酱烧茄子等。

一般来讲，烧都要加芡，唯独干烧是不加芡的。

干烧是利用原料自身的胶质，通过加热，使胶质从原料中分解出来，达到汤汁浓稠的一种烹制方法。

根据材料的不同，干烧在具体运用中因火力大小、烹制时间长短而又有所区别。有些质地比较老韧的原料，如牛筋、鹿筋、鱼翅，烹制的时间就要长些，用的汤量也要大一些，其汁一直要收到只剩很少一点，让汤的鲜醇浓缩到最后一点汁里去。靠胶质收汁，又叫自来芡或者自然收汁。凡干烧高档原料，用的都是好汤。鹿筋也好，鱼翅也好，它们本身并没有鲜味，完全靠汤收干来提味。所谓收干，就是烧得汤只剩下一点点。

干烧，指不用芡，因为原料本身带有芡；干烧，不是不要汁，只是把汤的鲜味进行最大限度地浓缩。如臊子干烧鲫鱼，通过慢烧，烧到收汁亮油，汁收干、油吐出来。这里讲的"收汁亮油"，并非真的把汤汁收得一点没有，鱼本身水分重，哪怕已经达到了收汁亮油的程度，但只要把鱼放一下，鱼本身的汁也要渗透出来。所以，干烧鱼同样是自然收汁，收到"收汁亮油"，但需要保味的那一点汁依然在。

家常烧

家常烧具备了烧法中的许多相同特点，唯一不同之处是成菜的风味不一样。

---

① 1两等于50克。
② 1斤等于500克。

家常烧在烹饪行业、城市人家、农村人家都在运用。四川人烧菜，特别是家庭烧菜，都喜欢搭豆瓣，如青笋烧鸡、萝卜烧牛肉以及豆瓣鱼、烧肉粉条、米凉粉等等，都要搭豆瓣。

家常风味有广义与狭义的理解。

狭义的理解是，以突出郫县豆瓣的风味为主的菜肴，传统称作家常味。凡菜肴名字前面冠以"家常"二字者，都是这种做法，像家常海参、家常豆腐等。

广义的理解是，具有浓烈城乡家庭菜肴风味的菜，包括现在流行的泡菜系列，都可以纳入家常风味中。

家常味与家常风味不完全相同，家常味只是就味型而言，而家常风味不仅指的是味型，还要从普遍性、味型的来源来看。像泡菜系列，就是来源于家庭，特别是农村家庭。

家常烧在川菜烹调中是很有特点的。

第一，家常烧具备了川菜烧法中的许多共同特点。

第二，需要灵活运用，就是说，在做家常烧这类菜的时候，如萝卜烧牛肉、青笋烧鸡等，下料有一个先后顺序。不过，也有些菜下料没有先后顺序，如笋子烧牛肉，笋子、牛肉都要同时下，因为，这两样原料需要烧制的时间都差不多长，牛肉㸆了，笋子也就差不多熟透了。而萝卜烧牛肉，萝卜、牛肉就不能一起下，要等牛肉差不多快㸆了的时候才下萝卜，因为，牛肉比萝卜所需烧制的时间要长得多，同时下，萝卜㸆了，牛肉还是生的，等牛肉㸆了，萝卜可能都化完了。所以一般来说，蔬菜类都要后下。

现在有些厨师烧牛肉，最后还要勾点芡。这一勾芡，反而把味道弄厚了。烧菜要根据材料和烹制的时间长短来确定勾不勾芡。豆瓣鱼要勾芡，勾芡是为了把汁收浓；而干烧鱼是已经入味了，就不能勾芡。家常烧需要根据原料的特性、烧制时间的长短、原料入味的情况来确定是否勾芡。

第三，家常烧除了豆瓣以外，有的菜需要体现其他风味。像泡椒风味，在原料的使用上也要适量。调料与配料在使用上不一样，调料在菜中只能扮演调味品的角色，不能扮演配料的角色。像泡椒系列中的泡椒墨鱼仔，泡椒就是调味品，用不着加很多。

家常烧在调辅料的使用上也要掌握一个度，掌握不好这个度，一要影响风味，二要造成原料浪费。具体来说，家常烧的辣要辣得适度，第一，辣得不是很厉害；第二，辣中要带鲜。如果辣味把鲜味都盖住了，就失去了做菜的初衷。家常风味的辣还有别于纯粹麻辣味的辣。麻辣味的辣是该辣的要辣够，而家常味的辣相对要柔和一些。家常味的辣应归入中辣，而不是特辣。

再说家常烧的"烧"。

现在有一些餐厅存在主料、辅料分离的问题。比如萝卜烧牛肉，厨师们把牛肉烧好后放在一边，萝卜用水煮㸆后也放在一边，当客人点这道菜时，厨师才舀一点牛肉，再舀一点萝卜，放在锅里一起烧三五分钟后便勾芡起锅。这种方法做出来的萝卜烧牛肉吃起来感觉牛肉是牛肉的味道，萝卜是萝卜的味道。如何解决这个问题，我给厨师想了一个办法：把烧牛肉的汤滗出一些用来烧萝卜，待萝卜烧得差不多的时候盛起来，当客人点这道菜时，再将两样东西合成一个菜。用这种方法烹制的萝卜烧牛肉，既能从牛肉里吃到萝卜的清香，又能从萝卜中吃到牛肉的鲜味。青笋烧鸡，也可以这样做，滗出一些原汁来烧青笋，同样可以解决食材互入味的问题。像笋子烧牛肉等，就用不着有这个担心，因为两种原料烧㸆所需的时间都差不多，其味完全可以达到互补。

家常烧还要注意操作程序的问题。

家常烧的操作程序，一般是先烧油，然后炒豆瓣，炒香、炒出颜色后掺汤烧。烧的时候，姜、葱离不得，一般用整姜、整葱，将整姜拍破，葱绾成把，有的还要放点花椒。

做家常烧讲究的还要"打渣"，就是汤熬煮一阵后把渣打捞起来，然后才放主料。像家常海参，用的豆瓣里有椒皮，不把它打捞起来就影响感官效果。凡是要打渣，都要考虑调料的用量和汤熬制时间的长短。应该是，汤熬制的时间要稍微长一点，以便尽量把味熬出来，一定要等味出来了才打渣。

家庭做家常烧的菜一般不打渣，汤一直熬，所以不用放太多豆瓣味道也能出来。

凉拌、炸收

川菜冷菜的烹制方法最有特点的还是凉拌菜、炸收菜。川菜冷菜的风味绝大多数体现在凉拌菜上。

四川凉拌菜有很多风味，比如麻辣味、怪味、姜汁味、蒜泥味、椒麻味、麻酱味、芥末味等，让人眼花缭乱。在川菜席桌中，冷菜是其重要内容。用川菜老师傅的话说就是，热菜有多少种，冷菜就有多少种。凉拌菜，不仅运用广泛，而且材料使用面相当宽泛，如高级的鲍鱼、海参、鱼肚，普通的毛毛菜都可以制作。冷菜的形好不好，味好不好，直接影响筵席的水平。

炸收，顾名思义就是先炸后收。炸收菜适宜批量制作，一次可以做十几份、几十份，因为炸收菜有一个优点，就是在保存期内，存放的时间越长越好。餐厅推出炸收菜可以减轻冷菜供应的压力。炸收菜做一次可以供应几天以上，方便、快捷。炸收菜品种很多，像荤菜中的陈皮兔、花椒鸡、花椒鳝鱼、麻辣牛肉干等，炸收菜的素菜品种也不少。

川菜琐谈

玩味

味

川菜

"川菜可以玩吗？""当然可以。""川菜玩什么？""玩味。"

"为什么？""因为川菜的味最有特点，最富色彩。玩了味，你对川菜就会有所了解，有所认识。"

以上是我与一个外地人的对话。

玩味川菜，应该从川菜的味谈起。

川菜不等于麻辣，但是川菜又离不了麻辣。如果川菜真的没有了麻辣，也就失去了最富特色、最具风味的味型，还能称为是川菜吗？一样的辣椒，在四川人手里就能玩出不少的花样来。玩味川菜，就是玩川菜的味，就是玩辣椒。玩，就是研究；玩，就是体味，在玩中求变化，在玩中求发展。

说不尽的四川味

川菜用味型来命名的菜式可以说比比皆是，譬如鱼香××、家常××、麻辣××、椒麻××、怪味××，等等，这是川菜的一个显著特点。从烹制方法、刀工、刀法上看，川菜同其他地区大同小异。但是以味型和各种风味来烹调菜肴的只有川菜。川菜的特点反映在味的制作上有两方面，一是味型多样；二是富于变化。

100余年以前，川菜就已经出现了一些以味型命名的菜品，譬如红油鸡片、椒麻鸡片、糖醋鱼、酸辣鱿鱼等。

我曾在一本记载100年前史料的书上看到一道名叫"麻辣鱼翅"的菜，当我陡然看到这个菜名时不禁惊了一下，心想在100多年前，难道川菜里就已把鱼翅做成麻辣味了吗？当我再仔细看完它的内容后恍然大悟，原来其所谓的"麻"是指芝麻油；其所谓的"辣"是指胡椒的辣。这说明在100年前，对味型的概念确实还不十分明确。

即便如此，在 100 年前的史料中，味型反映在菜名中的菜肴也是凤毛麟角。即或是当今川菜中最具特色的一些味型，譬如家常、麻辣、鱼香、怪味等味型，在 100 年前的史料中我更是几乎未见其出现过。这又是什么原因呢？就此，我曾请教过一些老师傅，这些老师傅现在大都是年过百岁的人，当时我请教时，他们已经七八十岁了。他们谈到，鱼香味、家常味、麻辣味、怪味等味型实际上早就在民间广泛运用了。这就可能是我们通常所说的馆派风味与家常风味的一个重要区别。

馆派，是指经营餐饮的餐馆、包席馆。

馆派风味以清、鲜见长。他们做的菜味道比较清淡，用现在的话说是菜的味道不太刺激。譬如筵席和市肆菜（一般餐馆经营的菜肴），在用味上也是各有侧重的。筵席菜无论是冷菜还是热菜，除了用料高档、制作精细外，味都是以清醇为主，特别是热菜。市肆菜用味就要重一些，味型也要丰富一些。筵席是菜佐酒，在饮酒中吃菜。市肆菜是酒饭兼备，既有酒，又有饭，两方面都要照顾。

家常菜主要是以下饭为目的，而家常风味是以味厚著称。

流行于民间的家常味、鱼香味多出自家庭，怪味、麻辣则多来源于小摊、小贩。直到 20 世纪二三十年代，这些味型才渐渐地走进餐馆，并广泛地用于市肆菜和筵席菜（特别是筵席冷菜）。这个阶段，前后持续了几十年至上百年。

有厨师曾经讲过一句十分经典的话："味为川菜之魂。"有人又把这句话的意思延伸，说："没有川味，何来川菜。"

那么，什么叫味型？

《川菜烹饪事典》对"味型"作了这样的解释：味型，是指用几种调味品调和而成的、具有各自的本质特征的风味类别。这个解释包含两层意思：第一层意思是说，川菜的数十种味型，除了极个别的以外，都是由数种调味品调和而成的，也就是说，味型至少是由两种以上的调味品调制而成。那么，在味型中，有没有使用单一调味品的呢？有！譬如纯甜味，就是用的一种调味品，或者是冰糖，或者是白糖。但即使是调制这种味型，有一些厨师有时也不完全用一种调味品。第二层意思是讲，要抓住本质特征。对菜肴来讲，除了烹饪原料自身的本味（指原料自身的味道，有的原料本身没有味，有的原料本身则有味；有的带香味，有的带甜味，有的带苦涩味）外，还要通过调味，使之成为鲜香味美的食物。

不同的味型产生不同的风味，这是各种味型所固有的一个特点，是不能互相替代的。譬如辣，有很多种辣法，可以辣出不同的风味，其固有的辣的风味是它的本质特征，相互不能代替。譬如豆瓣不能代替熟油辣椒一样，熟油辣椒的风味与豆瓣的风味完全是两码事。

虽然菜肴的味是具体的、实在的，但又是很难用语言和文字表述清楚的。譬如甜酸味，到底甜到什么程度，酸到什么程度？用语言文字来表达就显得苍白，只能根据它的调料、调味所反映出来给人的感觉来归纳是麻的、辣的、甜的，还是咸的，另外还得靠人们的嗅觉去感受它。简言之：只可意会，不可言传。因此，厨师从事的是一门称之为味觉艺术的工作，他们带给我们的是味觉的美。

独一无二的川菜冷菜

川菜冷菜的味型是独一无二的。以筵席来讲，外地有些地方的筵席连冷菜都没有，一开席就全部上热菜；有些地方虽然也上冷菜，但品种较少。四川则不同，冷菜是川菜的重要组成部分，无论是品种和味型的多样化，还是制作方法，都可以与热菜相抗衡。

四川冷菜不仅广泛地运用于大小餐馆，还广泛地运用于家庭。其适用的范围非常广，大多数蔬菜可以做冷菜，家禽、家畜也可以做冷菜，海鲜、河鲜及山珍野味等同样可以做冷菜，譬如凉拌鹿肉、凉拌麂子肉。如果把野生菌类看作山珍的话，很多食用菌也可以做成冷菜；海产品干货或罐头制品，如鲍鱼、鱼肚、海参等，同样可以做成冷菜，譬如麻酱海参、椒麻海参、麻酱鱼肚、四上鲍鱼（四个味道）等。

川菜冷菜所用原料如此广泛，可以做出上千个品种，而且随着社会的发展，数量还会不断地增加。

在筵席上，川菜冷菜通常被誉为"迎宾菜"。迎宾菜是最先和客人见面和接触的一组菜式。在川菜的筵席上，冷菜起到"开路先锋"的作用，这种风俗一直传承至今。

筵席的规格有高有低，且各不相同，但对冷菜而言，都是有严格要求的。

第一，根据筵席的规格确定冷菜品种的多少以及用料的档次。

筵席档次高，冷菜的用料也相应地高档，用的品种数量相对地也要多一点。

最简单的筵席冷菜是"四单碟"，或者是四碟带一个中盘，一个中盘带四个围碟，我们将其称为"五梅花"，或者是"六单碟"，抑或是六围碟带一个中盘，一个中盘带六个围碟，我们将其称为"七星剑"，还有是一个中盘带八个围碟，此形是取"天长地久""九九归一"之意。以前的筵席冷菜，最多就是一个中盘带八个围碟，也就是说筵席的规格再高，冷菜数量大概就只有这么多了。后来因为又出现了一些特殊的盛器，譬如"九色攒盒"（以前也有九色攒盒，但不是用于筵席），摆的冷菜也是九样；再后来，又有人设计生产出了一种"十三巧"的盛器，就是13个碟子。除此之外，还有人设计出了"二十四巧碟"，这种创新，已经带有展示冷菜的意义了。但真正传统筵席的冷菜不过是用的原料档次高一些罢了。比如，传统的"鱼翅席""燕窝席"，上的冷菜总不能全上猪耳朵、拌兔丁等，你得将海参做成冷菜，将鹿肉、麂子肉做成冷菜，那才配得上。另外，还要根据席桌的规格来确定上多少冷菜。一般的席桌，上四个碟子或六个碟子就行了，若是高规格席桌，要上够九个碟子才行。

第二，必须荤素结合。

有荤有素，全是荤的不行，全是素的也不行。按照传统席桌的要求，冷菜多是荤素平分秋色，荤菜碟子与素菜碟子数量对等。但通常情况下，席桌上荤菜碟子数量要略多于素菜碟子数量。当然，素席上的冷菜必须全部都是素菜碟子。

第三，刀工成形和堆摆样式不能重复。

刀工成形，是指将原料切成丝、丁、片、块、条。

冷菜是最讲究刀工的，而刀工的好坏又反映在所切原料的刀口、刀面上。所谓"刀口"，是指刀刃接触原料的那根线；所谓"刀面"，是指原料被刀切成一定形状后的横断面。刀口、刀面在技术上的要求是：刀口看上去要整齐；刀面看上去要平整，厚薄要均匀。冷菜不像热菜，热菜下锅以后，由于经过火的作用，原料的形状要发生一些变化，而冷菜不再经过火的作用，原料没有变形，刀切成啥样就是啥样，厨师刀工技术好不好，一看菜便明明白白。正因为如此，过去的行业内，对冷菜师傅的刀工技术比对热菜师傅的刀工技术要求还要高。

另外，就是成形的问题。筵席冷菜，除原料自身的形状不便改变的以外，譬如豆豆颗颗一类的原料，就不能强求要改成什么形状，对其他原料则都要求成形，而且要求丝、丁、片、块、条、卷都要有，形状还不能重复。

再者是堆摆要有样式。以前，冷菜的堆摆样式很多，譬如"一封书""风车车""扇形""三叠水""城墙垛子""和沿头"等。以前，做冷菜叫"牵碟子"，意思是强调做冷菜是细致手工活，该摆的就是要摆。不过，围点边、雕点花这样的设计构想在传统冷菜里就没有，传统冷菜的花是摆出来的，不是雕出来的。为啥以前把这个技术叫"牵碟子"，道理就在这里。"牵"者，用手也。

冷菜刀工成形和堆摆样式上的要求，简而言之，用两个字就可以将其概括出来："岔形"。

第四，色彩搭配上要尽量做到丰富多彩，浓淡得宜。

用通俗明白的话说，就是冷菜端上桌后要显得色彩丰富，要一部分是深色，一部分是浅色，不要菜端上桌后，要么黑一片、红一片，要么绿一片、白一片，都是深色的不好，都是浅色的也不好。

怎样来搭配冷菜的色，使冷菜的色彩丰富多彩，让人看了赏心悦目呢?

在菜上桌的时候，要尽量按色泽深浅进行搭配，把冷菜碟子按色岔开摆，千万不要深色的摆到一起，或是浅色的摆到一起，一定要做到色泽相映成趣，给客人一种视觉上美的享受。冷菜的色泽，有的是利用原料自身的色泽，有的是依靠调味后显示出来的色泽。对本身色彩明快、艳丽的原料，千万不能用深色的调味品，要选用浅色调味品才对，这样才不至于让调味品的颜色掩盖了原料的本色。用一句成语来表达就是不能喧宾夺主。

第五，岔味。

岔味包含两层意思：一层意思是，上桌的菜要味有所别，碟子有多少个，味就要多少种；另一层意思是，对味型重复的冷菜，要有细枝末节的变化，使它们变成形同味不同的菜肴。

对冷菜的要求是做到一菜一味，切忌端上桌的冷菜都是一个味，这个味还要有厚有薄，有浓烈的，也有比较柔和的。原则上，八个冷菜碟要有八种味型。当然，在这些味型中难免也有一些味可能重复，如咸鲜味，有时可能整个冷菜中咸鲜味的菜要多一道，面对这种情况，你要想办法在味的细枝末节上求变化，使它们相互间有所区别。譬如，有一些腌腊制品带烟香味，而实际上它也是咸鲜味，但又跟拌的那种咸鲜味不同。举一个例子来说，金银肝是猪肝里面夹肥膘，经腌渍、晾干而成的一道冷菜，吃的时候，把它蒸熟，切出来时内白外黄，故名"金银肝"。金银肝也是咸鲜味，切片、装盘时要刷一点芝麻油，但它的风味又不同于我们拌的那种白油味。一句话，上筵席的冷菜要尽量做到有麻辣味，也有香辣味；有咸鲜味，也要有甜香味；有酱香味，也要有糖醋味，还要有酸辣味，一菜一味，互不雷同。

第六，制作方法要尽量做到多样化。

冷菜的制作方法很多，譬如说，有炸收菜，有腌、卤、熏的菜，有蒸的菜，还有烧烤的菜。每种烹制方法又可以做出很多品种的菜。

要成为制作川菜席桌冷菜的优秀厨师，至少要达到以上六个方面的要求。这就意味着，不仅要具有制作冷菜方面的技术，还要具有相当过硬的基本功，包括必须掌握与此相关的一些川菜知识。

我认为只有席桌冷菜厨师才能代表川菜冷菜厨师的最高水平。

我经常说，如果把烹制川菜的冷菜厨师与热菜厨师做一番比较的话，冷菜厨师必须掌握的东西比热菜厨师必须掌握的东西要多，还要全面，冷菜厨师必须具备的一些技术，热菜厨师不一定具备。譬如：

第一，菜式的造型，冷菜厨师必须具有刀工成形、成菜堆摆以及装饰等技术。

第二，要求冷菜厨师必须熟悉和掌握象形拼盘的技术，如"花式拼盘""孔雀开屏""金鱼闹莲""丹凤朝阳"等。

第三，对川菜席桌的冷菜厨师，要求掌握食品雕花和瓜雕的技术。这是席桌菜肴的需要，是对冷菜厨师的基本要求。

第四，根据筵席的规格、性质，要求冷菜厨师合理组配制作冷菜，这不仅仅是一个技术的问题，还包括个人的修养问题。

制作冷菜是一个专业性和技术性都比较强的工种。正因为川菜有一支独一无二的冷菜厨师队伍，才创造出了独一无二的川味冷菜。

平和淡雅数咸鲜

（菜例：葱酥鱼、盐水虾仁、芹黄冬笋）

我给大家讲一讲川菜冷菜常用的味型。

先讲第一个味：咸鲜味。

提起咸鲜味，首先要说到盐。盐，可能是人类最先使用的一种调味品，有"百味之祖"之称。这个"祖"，是祖先的"祖"字。随着酱油、豆豉的出现，使咸味类调味品家族又增加了一些新的成员，由此，用于调味的咸味类调味品又发展为主要是盐、酱油、豆豉，但是主要还是盐和酱油，豆豉用得并不是很普遍。盐在调味过程中，不仅显现了咸，还为其他的调味品体现风味起到了重要的辅助作用。我们常说："吃得甜，放点盐。""有盐醋才酸。"这正说明了盐的助味作用，盐不放够，糖的甜味显示不明显，醋的酸味提不起来。盐在行业内还被称为"百味之主"，这个"主"是主人的"主"。盐的作用，前面用的是祖先的"祖"字，后面用的是主人的"主"字，这两个字，音同字不同，各自代表的含义更是不同。

咸鲜味在川菜冷菜中的应用范围主要包括凉拌、炸收、烧烤、蒸、炸、冻等。

咸鲜味在具体的调制过程中又分有色和无色两种。无色，指只用盐；有色，指除了用盐以外，还要加适量酱油。在行业里，大家习惯把加了酱油的这部分称为"白油"，把用盐的这部分则称为"盐水"。譬如，菜谱中冷菜写的白油××，一般都指的是用酱油。"盐水"是指味汁没有色，而且主要调料是盐。所谓"白油"，它包含了两层意思：一层意思是指用酱油；另一层意思是指用芝麻油。为什么把用芝麻油也叫"白油"呢？这是为了把它与"红油"相区别。红油是辣椒油，白油是芝麻油，一个颜色红，一个颜色白。不管是"盐水"还是"白油"，都离不开用芝麻油。

用于凉拌菜的"白油"，调味方法比较简单。第一个是用酱油，如果酱油本身的咸味度已经够了，那就用不着加盐了；第二个是用味精，第三个是用芝麻油。如果是"盐水"的话，那就是用盐、味精、冷清汤、芝麻油等四种调味品进行调制。"白油"与"盐水"，尽管都同属于咸鲜味，但由于各自所用的咸味品不同，所以在风味特色上也有一些区别。

那么，白油味与盐水味相互间有哪些区别呢？

作为用酱油的白油味，我们归纳它的风味特点是：酯香醇厚，柔和味长。因为，酱油不仅含酱，而且还含酯。酱油为啥有种特殊的香味和味道呢？其原因就是酯香和酱香在里面起了作用。

盐水味，我们归纳它的风味特点是：淡而不咸，咸中带鲜。它的鲜来源于两个因素：一个因素也许是用了味精，另一个更关键的因素是，加了冷的清汤。做盐水的菜品，往往都不是拌的。譬如做盐水虾、盐水鸡，都是用盐，有的加点姜、葱，有的还要加点料酒或醪糟之类的调味品，然后掺清汤，把原料放进蒸笼里蒸，蒸熟以后取出，该改刀的改刀，在原汁里加点芝麻油、味精，调和后便可上桌。做"盐水青豆"不一样，青豆不是蒸熟，是在锅里煮熟，煮熟后，拌入盐、味精、芝麻油即成。

一些厨师认为，最不好调的味道是咸鲜味，因为，咸鲜味用的调味品品种少，弄不好，不是咸，便是淡。咸鲜味的调制，特别是调制凉拌菜的咸鲜味，可以采取逐步递增或者叫"瞎子过河"的调制方法，即一点一点地加调料，在拿不准的时候，不要一次把味放得很浓。可以加一次调料，尝一下味道够不够，如果味道已经够了，就不要再加调料进去了；如果尝后觉得味道还不够，再加调料，这就像瞎子过河一样，要一步一步地试探着走。

咸鲜味冷菜品种属于白油味一类的有白油鸡片、干收豆筋、葱酥鱼、海蜇拌虾仁、干收鹌鹑、豆豉酥鱼、白斩鸡等。属于盐水味一类的有芹黄春笋、春笋蚕豆、葱油香菇、盐水鸡、桃仁鸡丁、盐水虾、冷汁盐水鸭、水晶鸭方等。为什么相同味型、相同类别的菜例我要举出一批来呢？

第一，把相同味型、相同类别的菜例排列到一起后，厨师可以根据我讲的菜例当中的一些做法来对照我举的其他一些菜例、菜名，进行比较、借鉴，这样可以增加自己的知识面。

第二，通过学习、对照、探索，可以使自己会做的品种越来越多。

对咸鲜味的冷菜我举三个菜例。

【葱酥鱼】

葱酥鱼是一道炸收菜。

葱酥鱼的传统做法是用小鲫鱼，每条大约50克，如果没有鲫鱼，也可以用鱼条，就是用草鱼的净肉改成的鱼条。这个菜，是用小火慢收的方法来成菜。

葱酥鱼成菜的特点是：肉松且骨质软，汁味尽收肉中，是佐酒的佳肴。

做这道菜需要用的原料：鲫鱼500克，大葱葱白400克，泡红辣椒

8 根，冰糖色 100 克，醪糟汁 50 克，酱油 15 克，盐 2 克，鲜汤 500 克，芝麻油 25 克，熟菜油 500 克（大约耗 100 克），生菜油 25g（有的是加芝麻油来收）。

这个菜从原料的构成来看，增加了一些原料。譬如，加了醪糟汁、泡红辣椒、葱白。用葱白的主要目的在于突出葱的香味。葱，不仅要用，而且用量还相当大，否则这道菜就不叫葱酥鱼了。又譬如，加糖色是起上色的作用；醪糟汁在这道菜里是起除异味增香的作用。再譬如，鱼有骨刺，误食鱼骨刺会伤害人，做这个菜时进行鱼骨刺钙质软化处理就显得必要了，而真正能起软化钙质作用的是醋，因此，有一些厨师在做这个菜的时候要适当加一些醋进去。虽然加了醋，但因为做这个菜要经过较长时间的烹制，所以醋在烹制期间早就挥发得差不多了，成菜后吃不到酸味。

葱酥鱼的具体做法：

第一步，把鱼整治干净。也就是说要除去鱼鳞，抠掉鱼鳃，去除内脏，用清水将鱼冲洗干净。然后，在七八成热的油锅里把鱼炸成浅黄色捞起来。锅中放 50 克油，把长约 10 厘米的大葱葱白下锅炒香。接着加入酱油、盐、糖色、鲜汤，把汤烧开。

第二步，另外取一口锅，在锅底放一层大葱葱白（以前有些人做这个菜，底下还要垫竹篦子，甚至还要放进一些鸡骨头一类的东西，再在竹篦上面铺一层葱），将鱼整齐地码在葱白上面，鱼少就平着摆，鱼多就竖着摆，在鱼上面又码一层葱白；在最后那层葱白的上面放泡红辣椒（辣椒的两头要切去）；倒入鲜汤，汤烧开后，改用小火慢烧，一直烧到汤汁浓缩时把葱白捡起来，将所有的鱼翻一个面，然后再将葱白盖还原，下点醪糟汁，再继续烧，一直烧到汤干、鱼酥、亮油时止。此时将鱼起锅，凉冷即可。上菜可以上整条鱼，也可以将鱼改刀后再上。

这是传统葱酥鱼的做法。

关于葱酥鱼这个菜，我还想说明几个问题。

第一，前面讲的葱酥鱼的做法是家庭的做法。行业内做这道菜，在用味上还要复杂一些，有的还要加适量的醋，有的还要加胡椒。起锅时，有的还要加芝麻油，有的是用绍酒不用醪糟汁。因为这个菜烹制的时间长，所以尽管加了那么多东西进去，仍然不会影响成菜的风味。

第二，如果是用鱼条做原料，那么在炸鱼条之前，可以用姜、葱、

玩味川菜

绍酒以及适量的盐，先把鱼条腌 10 几分钟，然后再进行炸制。

第三，汤汁用多大的量合适呢？按照规范的做法是以刚淹过鱼身为度。

第四，这个菜的风味除了酥、嫩、鲜、香外，还有浓郁的葱香味，所以葱白的用量是宜多不宜少。有些人做这个菜，只丢几根葱进去，根本吃不到葱的香味。

第五，这个菜可以大批量地制作，不一定以 500 克鱼为限，做 2.5 千克鱼也可以，做 5 千克鱼也可以。

【盐水虾仁】

盐水虾仁的特点是色彩丰富，脆、嫩兼备，味道清醇，制作比较简单。

这个菜的烹制方法是蒸。

做盐水虾仁用的原料：净虾仁 200 克，青豆 50 克，番茄 1/4 个，另外还要用姜、葱各 15 克，盐 3 克，绍酒 10 克，味精 1 克，汤 200 克。

盐水虾仁的做法：

第一步，把整姜拍破，葱切成段。将青豆淘洗干净，放进开水锅中煮熟后捞起，趁热加 1 克盐拌一下，这样才容易入味。用开水把番茄烫一下，撕去表皮，将番茄切成四瓣，把其中的一瓣挖去瓤子，然后切成如青豆大小的颗粒，备用。

第二步，将虾仁用清水淘洗干净，装入碗中，加 2 克盐，加点绍酒、姜、葱腌几分钟。把汤倒入碗中，再放进蒸笼，大约蒸 2 分钟后把碗取出，捡去碗中的姜、葱，把青豆、番茄倒进碗里，和虾仁拌匀。根据菜的需要，酌量舀一部分原汁入碗，加点味精，对匀以后将其浇在虾仁上面，这道菜便算完成了。

这个菜的做法很简单，吃起来很清淡。由于其颜色有青、红、粉红，相映成趣，所以很好看。

这个菜还可以演变，如果做这个菜不用虾仁，那就变成了盐水青豆了，上面加一点番茄，也可以作为席桌冷菜。但需要注意，番茄不能加多了，否则会影响成菜的风味。

做这道菜需要说明以下两点：

其一，蒸虾仁的时候，必须是蒸锅已经上了大汽才把蒸碗放进蒸笼里去，切忌过早地放进笼中。另外，蒸虾的时间一定不能长，必须控制在两分钟以内，否则会把原料蒸老，影响虾仁的质地。

其二，由于已经加了一定量的原汁，就不要再加芝麻油，否则芝麻油会全部漂浮在汤上面，十分影响感官效果，看起来很不好看。如果没有加原汁进去，就可以放点芝麻油。在拌原料的时候放芝麻油，可以给菜增添光泽度。如果味够了，可以不加原汁。总之一句话，加东西要根据具体情况来决定。

盐水虾仁是非常清淡的一道菜，适宜下酒。

【芹黄冬笋】

芹黄冬笋是一款素配素的菜。芹黄有鲜、嫩、清香的特点，所以人们都喜欢将其与其他的原料配合，既取其味，更取其香。

做芹黄冬笋用的原料：鲜冬笋 500 克，芹黄 200 克。所谓"芹黄"，是指芹菜最嫩的部分，当然也包括芹菜心。芹菜老的部分不适宜做这个菜。另外，还要用葱段和拍破的姜各 20 克，盐 3 克，醪糟汁 10 克，味精 1 克，芝麻油 15 克。

芹黄冬笋的做法：

第一步，把芹黄淘洗干净，放入开水锅里氽一下捞起来，切成约 3 厘米长的段，加 1 克盐拌一拌。

第二步，去掉冬笋壳，用刀削去其粗皮，再将其洗干净，切成长约 5 厘米、粗约 1 厘米的条，将其装入碗中，加姜、葱、盐、醪糟汁，放进蒸笼蒸 1 小时。这里要强调一下，做这个菜不用加汤。待冬笋条蒸熟以后取出凉凉。然后把冬笋捡出来装入碗中，放入味精、芝麻油、芹黄拌匀。将拌好的菜放进事先准备好的盘中，芹黄冬笋的整个制作便完成了。家庭做这个菜用不着那么讲究，将菜在碗里拌匀，直接端上桌就可以吃了，用不着另外再装盘。

这个菜也可以变化，用冬笋就是芹黄冬笋；用蚕豆，就是芹黄蚕豆；用香干，也就是我们平常说的卤豆腐干，那就变成了芹黄香干。这几个菜都是咸鲜味，作料就是盐、味精、芝麻油，拌匀便成菜了。像刚才说的豆腐干，还用不着蒸，把豆腐干切好，和着氽熟的芹黄拌匀便可以吃了。

芹黄冬笋吃起来有一种清香味，味鲜，比较清淡，其特点是：清香、

玩味川菜

清淡、清鲜、清脆。

做这道菜需要说明以下几点：

其一，芹黄不要泹久了，以熟而带脆为标准。

其二，味宜轻不宜重，也就是说不能太咸。

其三，如果没有鲜冬笋，用清水冬笋也可以。所谓清水冬笋，就是我们说的罐头冬笋。用清水冬笋制作这个菜与用鲜冬笋制作这个菜方法一样，只是清水冬笋蒸的时间要短得多，因为清水冬笋本身是熟的，只需要蒸过心就行了。另外，用春笋也可以做这个菜。

也许你会问，高档席桌上的冷菜碟子有一个荤素搭配问题，那么，素碟子用什么样的原料为好呢？我认为可以从以下几点去考虑：

第一，所用素原料本身的品位一定要比较高档。譬如菌类，如果是用菌类中的鸡纵菌、松茸做高档席桌的冷菜，那就般配，因为这些菌种也属高档菌。

第二，要选用时令原料。刚入冬时，是冬笋最嫩的时节；春笋刚出来时，尽管它算不上是高档的原料，但它是时令菜，用它做高档席桌的素碟子，不会降低高档席桌的身价。

第三，如果觉得所做冷菜碟子用的原料不是很高档，那么还可以在做的工夫上或者在原料的搭配与组合上多动一些脑筋。譬如，有一道冷菜，名字叫发菜卷。这个菜原来多是用鸡肉、火腿、笋子制作。如果把它作为高档席桌的素碟子，就可以不用火腿和鸡丝，而改用笋子、菌类，或者其他高档的素料，这样与高档席桌就般配了。

柔和辛香的红油味

（菜例：红油鸡块）

红油，是指辣椒油，即辣椒面在滚烫的油里面烫制以后，油色变红，故名红油。

熟油辣椒在四川是家家做菜都要用的调料，譬如吃面、拌菜，都离不开熟油辣椒，它是四川人居家过日子常备的一种调味品。炼制熟油辣椒看似很简单，其实其中不是没有诀窍，也不是没有学问。特别是量大时，煎红油确实需要点真功夫哩！那么，煎红油应该注意哪些问题呢？

第一，煎红油的辣椒面不能太细，否则煎出来的红油容易浑。家庭煎红油不存在这个问题，因为量小，但如果量大，辣椒面太细，大量的辣椒面会漂浮在油中，红油看上去便是浑的。

第二，煎辣椒面的油温不宜太高，不能在油烧得很烫时将其倒入辣椒面，因为油温太高了，容易把辣椒面烫煳。家庭煎红油，一般是把菜油在锅里烧热了后晾两三分钟，再把菜油倒入辣椒面。

第三，可以先用些冷了的熟菜油把辣椒面澥散。澥的方法，即先用冷熟菜油将辣椒调散成糊状，然后再把烧制好的热油倒进去调匀。这样做有两个好处：其一，因为辣椒面里已先注入了一部分冷油，热油进去遇冷会迅速降温；其二，由于辣椒面已用冷油调匀了，所以热油进去时，辣椒面受热均匀，不至于一部分辣椒面被热油烫煳，一部分辣椒面又没有被热油烫到。

红油味的原料构成：辣椒油、酱油、白糖、味精。

红油味的风味特色：以咸鲜味为主，有微微的辣香，回味还略略带淡淡的甜味。红油味是用辣椒的诸多味型中最温柔的一种辣味，主要用于冷菜中的凉拌菜。

红油味的菜肴有红油鸡块、红油牛肚梁、红油耳丝、红油肚片等。高档一些的品种还有红油鱼肚，普通的菜肴品种还有红油黄丝、红油笋片。当然，从这个味型中还可以变化出一些菜品来，正像我前面所说，鲍鱼都可以吃红油味。四上鲍鱼中，有一个味碟就是红油味，另外三样是椒麻、姜汁、白油味。拌牛肉，除了吃麻辣味外，也可以吃红油味。再譬如，用猪的内脏做红油味凉拌菜，可以做红油肚丝、红油肚片、红油舌片。

红油味的冷菜菜例，我只举红油鸡块一例。这道菜是老百姓的最爱。

【红油鸡块】

红油鸡块用的原料：带骨熟鸡肉500克，葱白50克，辣椒油40克（注意，是辣椒油，不能见辣椒，因为用辣椒，菜的辣味就增加了），还要用酱油50克，醋几滴。这叫吃醋不见醋，醋只起和味的作用。除此之外，还要用白糖15克，味精1克。

红油鸡块的做法：

第一步，把带骨熟鸡肉砍成长约3.5厘米、宽约1.2厘米的条，将葱白切成约2.5厘米长的节，比鸡块的长度稍微短一点。

第二步，取一个碗，先放进白糖、酱油。这个步骤，是调制红油味的关键。用不锈钢汤匙将酱油中的白糖研茸、研化。有些人调制红油味，是撒点白糖进去就完事，这样做白糖化不了，红油风味体现不充分。白糖研化、研茸了后才加辣椒油、味精，把它们调匀就成红油了，然后放鸡块进去拌，让调料把鸡块裹住；加葱节，滴几滴醋再拌，菜便做成了。有的人做这个菜时，红油第一次只用2/3的量，鸡块拌好了装入盘中，再把另外1/3的红油淋到菜上。这种做法，菜的色泽好看。因为先舀进去的红油在拌菜的时候都"抢"进鸡肉里去了，菜拌好时就看不到红油的光泽了，再淋余下的红油在菜的面上，光泽一下闪现出来，菜的感官效果自然好。

做这道菜需要说明以下几点：

其一，只能用红油，不能用熟油辣椒。

其二，醋只起和味的作用，宜少放或者不放。但有些菜，比如拌红油耳丝、红油猪头肉，醋的用量就要大一点，必须要吃到醋味。所以说，虽然都是红油味的菜，但是各道菜在使用调料时还要变通。像拌猪脑壳肉、拌猪耳朵，一是所用之肉，煮是一个关键，既要把肉煮熟，肉又要带脆，肉煮得半生不熟不行，煮得太烂了也不行。其次，肉要切得薄，太厚了不行。二是拌出来的菜，一定要明显吃得出醋味。为什么拌猪头肉和拌猪耳朵要多加醋呢？因为猪头肉、猪耳朵肉的胶质重，也就是我们通常所说的毛腥味重，只有醋才压得住毛腥味。

其三，拌红油鸡块，调料一定要将鸡块全部裹住为好。因为调料把鸡块全部裹住了，其他多余的东西就渗透不进鸡肉里去，红油味才能得到充分体现。将拌好的鸡块装入盘中时，除略见得到一点油外，要基本看不到其他东西，菜才算拌得好，不宜把菜拌得流汤滴水的。

其四，红油鸡块最好是现拌现吃。因为有酱油的食物，刚拌好时颜色好看，但时间久了，菜的颜色就返深，很不好看。拌出来的菜红亮亮的，颜色好看，就会增加食欲；反之，如果拌出来的菜放的时间久了，颜色变深了，看上去黑不溜秋的，吃的人还会有胃口么？

不管你是拌鸡块、鸡条，还是拌鸡片、鸡丝，有一点要注意，那就是肉质必须细嫩，鸡皮以带脆为好。如何做才能达到这个要求呢？关键在于煮鸡要得法。

煮鸡也有学问，正确的方法：

第一，要选嫩鸡。把鸡整治干净后放进锅里，掺入清水，然后将拍破的姜、绾成把的葱放进去，先用大火把水烧开，撇去开水面上的血污泡沫。如果你觉得这样做麻烦，可以采取先出一道水的方法，即先烧一锅水，待鸡煮出血泡沫时把鸡捞起来，用清水冲洗干净，把锅里的水倒掉。因为煮鸡的时间短，鸡肉的鲜味并不会流失。然后，再向锅里倒入清水，把鸡放进去，再放姜、葱，用大火把水烧开，再撇去血泡子。

　　第二，待撇干净血泡子后，改用小火煮鸡。只要见到汤中心有些轻微翻动，火力便合适了。大约煮半个小时后，把煮熟了的鸡捞起来晾冷，也可以把鸡放进冷开水锅里去漂冷。这样做的目的是为了紧鸡皮，刚煮熟的鸡很烫，放进冷开水锅里一惊，鸡皮会迅速收缩，用紧了皮的鸡做凉拌鸡，鸡皮有弹性，吃起来有嚼劲。待煮熟的鸡晾冷了才改刀，再拌味。

香麻醇厚的椒麻味

（菜例：椒麻鸭掌、椒麻桃仁）

　　椒麻味在四川流行了100多年，很受人们的欢迎。四川人不怕吃花椒，个中缘由很多人都说不清楚。

　　四川的花椒在全国很有名，被称为"蜀椒"。

　　椒麻，就是生花椒、葱叶加少许盐，再加一点芝麻油，一起铡细铡茸后制成的一种调味品。以它作为主要调料制作出来的味叫椒麻味。

　　椒麻味的调制，是用椒麻加酱油、冷鸡汤、芝麻油调和而成。椒麻味主要用于川菜的凉拌菜。有些热菜，譬如丸子汤，有些人要用点椒麻。他们在调丸子时加一点椒麻进去，其用意是给菜增加一点麻香味。还有一些人做蒸肉，在拌蒸肉的时候也要加一点椒麻。

　　椒麻风味的特点是咸、鲜、香、麻，醇浓味长。

　　椒麻味的菜品有椒麻海参、椒麻鲍鱼、椒麻北极贝、椒麻鱼肚、椒麻鸡片、椒麻嫩肚、椒麻舌掌、椒麻环喉、椒麻桃仁、椒麻笋丝、椒麻鸭片、腐竹鸡丝等。

　　我举两个椒麻味的菜例，一个是椒麻鸭掌，另一个是椒麻桃仁。

【椒麻鸭掌】

　　做椒麻鸭掌的主料，需要选子鸭掌10对。所谓子鸭掌，是指三个月龄，肉质比较嫩的鸭掌。

　　椒麻鸭掌的配料有粉皮。粉皮，有些地方又叫拉皮。粉皮现在市场上能买到。以前在行业内，有的厨师是自己做粉皮。大家把自己做粉皮叫作"摊罗粉"。罗粉的做法是，先把豌豆粉调成稀糊状，然后烧一锅开水，把调好的豌豆粉舀入瓢中，用手晃动，把瓢中的豆粉荡平，将瓢放在开水中烫熟豆粉，把瓢提起来，将瓢里烫熟的豌豆浆皮揭起来，这张被烫熟的豌豆浆皮就叫粉皮；烫熟粉皮的这个过程叫"摊罗粉"。粉皮在这个菜里是作为一种配料来使用的。比如，凉拌菜里有一道菜，名字叫罗粉鸡丝，是把粉皮切成丝，和鸡丝一起拌制而成。做椒麻鸭掌的粉皮也要切成丝，用量是 75 克。另外，做椒麻鸭掌还要用葱叶 50 克，生花椒 10 克，盐 4 克，芝麻油 25 克，酱油 30 克，拍破的姜 20 克，葱段 15 克，味精 1 克，鲜汤 500 克，绍酒 20 克。

　　椒麻鸭掌的做法：

　　第一步，去掉鸭掌的粗皮，洗净。然后将鸭掌放入开水锅里煮熟，捞起，用凉水漂冷（漂的目的是让鸭掌皮收缩），再沥干水。用刀在鸭掌背上划刀，把鸭掌剖开，取出筋骨，宰去鸭蹼尖。将鸭掌放入碗中，加姜、葱、绍酒、鲜汤，放进蒸笼中蒸 30 分钟，取出晾冷。

　　第二步，制椒麻。这里先讲一讲如何铡花椒。铡花椒前，先用手将花椒搓一搓，花椒有籽，中医把花椒籽叫"椒目"，搓花椒的目的是要把椒目从花椒中搓出来，然后把椒目连同其他杂质一起捡干净。接着，加葱叶，撒点盐，有的还要加点芝麻油，再用刀铡。记住，花椒是铡不是宰，因为花椒是圆形物体，会被宰得四处乱飞。把花椒铡碎后，加酱油、味精、芝麻油，如果觉得咸味重了，可以加点冷汤冲淡，把这几样东西调成味汁。

　　第三步，走菜的时候，用粉皮垫底，上面放鸭掌，然后把味汁浇上去，可以把菜拌好了端上桌，也可以不拌端上桌，但要配一个味碟。

　　做这道菜需要说明以下几点：

　　其一，一定要用生花椒，因为生花椒不仅麻味浓，而且还有香味。葱，只能用葱叶，不能用葱白。

　　其二，因为鸭掌的胶质较重，所以拌椒麻鸭掌的时候也可以加适量的醋。

　　其三，有些客人喜欢吃辣味，可以加点红油进去。这种吃法，行业内叫作"椒麻搭红"。

【椒麻桃仁】

这个菜又叫椒麻鲜桃仁，是一个传统冷菜，以前多用于初秋的筵席冷碟。

椒麻鲜桃仁的风味特点是质脆可口，香麻味浓，回味甘美。

做这个菜需用新鲜桃仁200克。将新鲜桃仁在开水里浸泡几分钟后捞起，撕掉桃仁的外衣，拌上椒麻味。椒麻鲜桃仁所用的椒麻味，其调料构成是椒麻、酱油、味精、芝麻油。

桃仁撕去外衣后表面很光滑，所以相对来说，它的味汁也要求要对得浓稠一些，这样才巴得上①原料。

椒麻鲜桃仁这个菜也可以演变，如果把净熟鸡肉切成丁，加进这个菜里去拌，那么它的名字就该叫桃仁鸡丁；如果把猪肚子、肚头切成丁，代替鸡肉丁加进这个菜里拌，那么它的名字就该叫桃仁肚丁。这些菜都是下酒的好菜。

做椒麻菜，关键是要把椒麻味的调制掌握好，然后再根据所用的材料分别对待。像前面所讲的，对能吸收液体调料的原料，味汁可以调清一点，甚至还可以加点汤；对吸水力差的原料，味汁则必须要调制浓稠一点。比如，肚丁和鸡丁的吸水力就不一样，鸡丁的吸水力就要强一些，而肚丁的吸水力就要差一些，因此，鸡丁的味汁就可以调清一点，而肚丁的味汁则必须调浓稠一点。此外，在配料的时候，不仅要荤素搭配，还要充分体现其风味。

前面讲过，学做菜不如先学调味。做冷菜也是如此，一定要把每一种味型的调料构成搞清楚。另外，还要结合具体的实际情况，结合菜品的具体要求，结合烹饪原料的具体性能，对调制味汁进行灵活变通。当然，这种变通一定要保持它的基本风味。就是说，你只能在不影响它的基本风味的前提下进行变通。譬如，红油拌猪脑壳肉、拌猪耳朵，为啥要加点醋？为啥拌麻辣兔丁要加豆豉？因为它们所用原料的属性不一样，特点不一样，所以调味时就要灵活掌握，这种掌握又不能脱离规矩，这就是我们经常说的，要富于变化。

玩味川菜

---

① 巴得上，四川方言，黏得上的意思。

39

辣而不燥，香在其中的麻辣味

（菜例：花生仁兔丁、麻辣牛肉干）

麻辣味，是川菜诸多味型中最富刺激的一种味型。川菜中，麻辣味的代表菜有两个，一个是水煮牛肉，另一个是麻婆豆腐。这里所说的麻辣不包括火锅。

传统的水煮牛肉和传统的麻婆豆腐都不是特麻特辣，甚至不是大麻大辣，如果我们细细地品味传统的这两样菜，你就会发现，在麻辣中还能吃到原料的清香和鲜美。

水煮牛肉的配料主要是蒜苗、芹菜、莴笋尖。吃水煮牛肉，你一定能吃到芹菜的清香味，品得出牛肉的鲜味，尽管它也麻也辣，但是麻辣之余，你同样能品尝到原料的鲜味和香味。

麻婆豆腐也是这样，麻婆豆腐的鲜味主要是来源于汤和烧豆腐用的牛肉；吃麻婆豆腐也一定能吃到我们通常说的豆腐的味道，吃得出牛肉的鲜味。

另外，以前麻婆豆腐也好，水煮牛肉也好，我们吃了以后都不会感到口干舌燥，更不会感至肠胃难受。究其原因，一是厨师很好地把握了一个度，即麻、辣不能过烈，辣而不烈，辣而不燥。二是对辣味调味品有一个选用的问题。譬如辣椒，以前行业里主要是用二荆条、什邡椒，二荆条和什邡椒都有一个特点：辣味适中，色红肉厚。以前做泡辣椒、豆瓣、干辣椒，这两种辣椒是首选品种。这两种辣椒辣的程度，用四川话说就是再辣也辣不到哪里去；用普通话表达是辣度有限。以前掌握辣的度，是厨师从量上来把握，客人想吃辣点，辣椒就放多点，客人不想吃太辣，辣椒就放少点，因为所选辣椒的品种，就决定了它辣不到哪里去，加之厨师把度把握好了，所以那种辣人们都能够承受。

麻辣味调料的构成：熟油辣椒或干辣椒面、花椒面、盐、酱油、白糖、味精。麻辣味主要用于凉拌和炸收两种做法。

麻辣味的风味特色是麻辣鲜香，醇浓味长。

麻辣味的菜品有凉拌麂肉、灯影牛肉、夫妻肺片、花生仁兔丁、麻辣牛肉丝、麻辣牛肉干、麻辣酥鱼、麻辣明笋丝、麻辣豆干、麻辣猪肝、麻辣鳝丝，等等。

细说川菜

【花生仁兔丁】

花生仁兔丁是从传统的麻辣兔丁演变而来。在以前，麻辣兔丁多为摊贩制作经营。

花生仁兔丁的风味特点是色泽红亮，细嫩酥脆，麻辣鲜香。

花生仁兔丁的制作原料：水盆兔 500 克。所谓水盆兔，是指剐了皮、去掉内脏、洗干净了的兔。另用油酥花生米 50 克，熟油辣椒 65 克，花椒面 2 克，油酥豆豉茸 25 克，味精 1 克，白糖 1.5 克，酱油 15 克，葱白 50 克。

花生仁兔丁的做法：

第一步，煮兔肉。把洗干净的兔肉放入锅中，水开后撇去血污，然后用小火焖煮。兔肉煮熟了后捞起晾冷，砍成约 1.6 厘米见方的丁。将葱白切成稍小于兔丁的颗。

第二步，取一个碗，放入白糖、酱油，把糖研茸、研化，放入熟油辣椒、油酥豆豉茸、味精、花椒面，熟油辣椒先只用 50 克，主要是用辣椒。把这些调料调匀后，将兔丁倒进去拌，让每一颗兔丁都巴满调料。再把葱撒进去拌，把油酥花生米倒进去再拌。装盘时，把剩余的红油淋在兔丁上，这个菜便做成了。

做这道菜需要说明以下几点：

其一，加豆豉主要是为了压住兔肉的草腥味。凉拌兔丁，不管是麻辣味，还是怪味，都要加豆豉，才能压住兔肉的草腥味。

其二，以前一些县城里卖的麻辣兔丁，还要用油酥豆瓣，就是把豆瓣剁细，豆豉研茸，放入锅中去炒，炒香后铲起来，用它来拌麻辣兔丁。

其三，装盘时，除淋红油外，还可以撒上点熟芝麻，这是给菜增加香味。

其四，酱油只起调散其他作料的作用，用量不宜多。很多人拌兔肉不加酱油，因为用酱油有一个弊端，时间稍长，菜就变得黢黑。如果豆瓣、豆豉的味道都够了，就不必用酱油了。

这个菜的成菜，以少现油不现汁为最好。它的味汁比较干，要尽量让作料依附到原料上。

【麻辣牛肉干】

肉干，古时称为肉脯。这个菜的麻辣味不是很烈，香辣中还带有较少的甜味。

用牛肉做的麻辣味菜品有麻辣牛肉干、麻辣牛肉丝。麻辣牛肉干与麻辣牛肉丝有何区别呢？对此，很多冷菜厨师搞不清楚。其实，区别的关键是在那个"干"字上。较一般的炸收菜而言，麻辣牛肉干虽然不脆，但吃起来同样有嚼劲。由于麻辣牛肉干便于储存，因此，以前餐馆做这个菜，往往一做就是几斤、十几斤。

做麻辣牛肉干的原料：鲜精牛肉 1 000 克，拍破的姜 30 克，葱段 30 克，盐 6 克，辣椒面 100 克，花椒面 4 克，绍酒 75 克，白糖 50 克，味精 2 克，植物油 1 000 克（大约耗 200 克），芝麻油 25 克，鲜汤 500 克。

麻辣牛肉干的做法：

第一步，将牛肉去筋，洗干净，放入开水锅里煮一下，去掉血污，把牛肉捞起来，用清水洗干净。将牛肉再煮一个半小时，用中火甚至小火保持水开。有的人在煮牛肉的时候还要加点盐、姜、葱、花椒。牛肉煮熟以不𤆵为宜，把牛肉捞起来晾冷，切成长约 4 厘米、粗约 0.7 厘米的条，再将牛肉放入七成热油温的锅中炸透（要炸狠一点）捞起。

第二步，锅内留约 100 克的油，烧热以后，下姜、葱炒香；掺汤，放入牛肉，汤的用量以淹过牛肉为度；加盐、绍酒、白糖；汤烧开后用中火慢收，收到吐油的时候夹出姜、葱，下辣椒面，跟牛肉一起炒，炒到油现红色时，放花椒面、味精、芝麻油，和匀后将牛肉条铲入盘中，晾冷，菜便做成了。

做这道菜需要说明以下几点：

其一，收汁的时间稍微要长点。

其二，汁一定要收干。油和糖要稍微放重一点，油重，菜才不容易坏，糖重，可以缓解菜中的辣味。

其三，在收汁的时候，有些人不用辣椒面，而用熟油辣椒加花椒面、味精拌均匀。如何做，完全由各人的爱好来决定。

把麻辣牛肉干中的牛肉改成猪肉，可以做成麻辣猪肉干，改用猪肝可以做成麻辣猪肝，改用鳝鱼可以做成麻辣鳝鱼；用素料也可以，譬如用豆筋，把豆筋切成条，炸制后做成麻辣豆筋。总之，通过举一反三可以做出很多麻辣味的冷菜。

五味调和百味香，说"怪味"

（菜例：怪味鸡丝、怪味花生仁）

"怪"字，按照辞书上的解释，第一层意思是奇怪；第二层意思是觉得奇怪，譬如说，大惊小怪；第三层意思有很、非常之意，譬如说，怪不好意思；第四层意思是指怪物，譬如说，妖怪、鬼怪。四川人嘴里的怪物、怪话、怪眉怪眼等用语，都不是指的好事情，带有一定的贬义。然而，川菜中的怪味却是人们十分喜爱的一种风味。这种风味多出现在拌鸡、拌兔丁的食篮或食摊上，换一句话说，这种风味的菜品原本是提篮小卖和饮食小摊上卖的东西。他们当初也不是用"怪味"两个字，而是用"串味"两个字，叫串味鸡、串味兔。

"串"字在这里有两个意思：一个意思是，四川人习惯将一些鲜香可口、耐人寻味而又无法准确表述出来的食物概以一句"这个菜的味道好串哦！"这里用"串"字，是一种赞美。第二个意思是，因为这种风味是将麻、辣、甜、咸、酸、鲜、香等多种味道串联到了一起，所以称为串味鸡、串味兔。

我听一些老师傅讲，还有用炊爨的"爨"（cuàn，指烧火煮饭）字的，不知道是哪个文人墨客的主意。这个字很多人不一定认得，远远望去"爨味鸡"三个大字显得奇奇怪怪，不由得要走过去看一看，这又可能是招揽顾客的一种手段吧。

怪味进入餐馆可能是20世纪30年代以后的事，而且在很长的一段时间，怪味只是用于冷菜中的凉拌菜。直到20世纪70年代，它才用于"糖粘"。"糖粘"，就是粘糖。

怪味的基本调料构成：盐、酱油、熟油辣椒、花椒面、白糖、醋、味精、芝麻酱等。为啥说它是基本调料呢？因为怪味所用调料的变化相对比较大。

怪味的风味特色是麻、辣、甜、咸、酸、鲜、香，七味兼备，各种味道平衡而和谐，醇浓味美，鲜香适口。

怪味因其味怪，所以在调味品使用上比较随意。譬如说，有的人在怪味里还要加蒜泥、姜汁，有的人要加糟蛋、杏仁豆瓣，有的人要加甜酱，有的人在怪味里除了加芝麻酱外，还要加熟芝麻、芝麻面。因为怪味本身就是把各种味串到一起了，所以，不管你咋个加调料，都不会影

玩味川菜

响它的风味。

目前，怪味系列的菜品还不是很多，在怪味凉拌菜品里有棒棒鸡、汉阳鸡、怪味扇贝、怪味兔、怪味酥鱼、怪味三丁、金钩花生仁、萝卜干等。怪味糖粘的菜有怪味花生仁、怪味腰果、怪味桃仁等。

怪味菜品，我举两个菜例，一个是怪味鸡丝，另一个是怪味花生仁。

【怪味鸡丝】

做怪味鸡丝的鸡肉是鸡胸脯肉或鸡腿肉。

原料：仔鸡胸脯肉或鸡腿肉 300 克，葱白 15 克，盐 0.5 克，酱油 25克，白糖 10 克，芝麻酱 25 克，熟油辣椒 20 克，醋 10 克，花椒面 1 克，味精 1 克，熟芝麻 2.5 克，芝麻油 5 克，姜汁 10 克，蒜泥 10 克。

怪味鸡丝的做法分三个步骤：

第一步，煮鸡。将鸡肉洗干净，放入锅中焖煮约 20 分钟，把鸡肉捞起来晾冷。煮鸡的时间不能太久，因为不是整鸡。把晾冷了的鸡肉切成长约 7 厘米、粗约 0.6 厘米的丝。

第二步，将葱白切成丝，放入盘中垫底，上面覆盖鸡丝。

第三步，冷菜的调味，特别是在调味品比较多的情况下，哪些先放，哪些后放，都很考究，不能稀里糊涂、不分先后把各种调料一股脑儿都放进去。调这个菜的味是，取一个碗，先放白糖、醋，把白糖研茸、研化，接着加盐、酱油，调一下，尝一尝味，看能不能吃到甜、酸、咸的味道；接着加熟油辣椒，这里放的熟油辣椒，油要多放，辣椒要少放，与麻辣味用的熟油辣椒要有所区别。再加花椒面、味精，这三样东西一加，六种味就出来了，除了甜、咸、酸味外，又增加了麻、辣、鲜三种味，最后才放芝麻酱、芝麻油、姜汁、蒜泥，把它们和匀。加芝麻酱，是增加一点香味，放芝麻酱的轻重对风味不起决定性作用。姜汁、蒜泥带辣味，但它们与辣椒的辣又有点不一样，它们不仅有辣味，而且还带有香味。把这几种调料调制的味汁进一步调匀，尝一尝，看味道是否合适。味汁调匀以后，将其淋在鸡丝上面，再撒点熟芝麻上去，这个菜便做成了。如果说冷菜调味汁有什么技术的话，需强调两点：

第一，一定要掌握好下各种调料的先后次序，先用什么，后用什么，不是这样放多少，那样放多少，直接舀进去就行了，乱整一气舀进去，往往很多味调不准。

第二，在调味的时候，凡是要用白糖，首先应考虑把白糖研化。白糖，不是想什么时候放就什么时候放的调味品，如果白糖没化，怎么吃得出甜味呢？糖化了，才容易巴味，糖化了又稠又黏，才容易巴得住原料，糖醋味才体现得出来。

做这道菜需要说明以下几点：

其一，煮鸡既不能冷水下锅，也不能开水下锅，要温水下锅。水烧开后打去浮沫，一次打不干净，可以多打几次，然后用小火"浸煮"。

其二，因为有芝麻酱，也可以不用熟芝麻；芝麻酱也不能用得太多，多了也是浪费。现在有些人拌怪味，往往用芝麻酱过多。用芝麻酱要根据情况，有的菜芝麻酱可以放重一点，有的菜芝麻酱就不一定需要放那么重。譬如说，需要浓稠一点的怪味味汁，你可以多加一点芝麻酱，把味汁调浓稠了，一去就巴上了原料，有一些原料不需要味汁浓稠也能巴上去，那就用不着多加芝麻酱，用不着把味汁调得那么浓。

其三，还有一种调制怪味汁的做法，不用芝麻酱，而是用芝麻面和芝麻油，把它们调匀了使用。这种做法，效果不比单纯用芝麻酱差。从某种意义上讲这也是一种变通的做法。

【怪味花生仁】

怪味花生仁的原料：白味酥花生米 300 克（不能用其他花生米，因为油酥花生米有油，既会造成收不到"汗"的后果，又会造成黏糖比较困难。也不能用盐花生米，盐花生米带咸味，调味汁不好掌握），还要用盐 2 克，白糖 200 克，甜面酱 50 克，干辣椒面 30 克，花椒面 2 克，醋 30 克。这个菜中的咸味主要来自于甜面酱和盐。

怪味花生仁的做法：

第一步，白味酥花生米要选择颗粒完整而均匀的，除去外衣。

第二步，将炒锅放到旺火上，掺开水 300 克，下糖、盐，进行熬制，待糖化了以后，加甜面酱炒，炒匀，一直炒到糖液鼓大泡时，下辣椒面、花椒面、醋，和匀；把锅端离火口，下花生仁，用铲子轻轻地进行翻动，使每一颗花生米都粘裹住糖液。自然冷却后装盘。

做这道菜需要说明以下几点：

其一，做这个菜的关键在于炒糖汁。炒糖汁的时候，锅里不能见油，做菜前，锅一定要洗干净，锅里见了油，就不收"汗"。糖粘用水炒是为了把固体调料变成液体调料，然后又让它还原成固体。先用水炒，使糖等各种固体调料融化成液体，但随着炒制的继续进行，水分受热不断蒸发，这时进行花生仁粘裹，待水分基本上都蒸发光了，味汁又变成了固体，紧紧地黏附在原料上。糖粘就是这么一个过程。

其二，要掌握好糖液的老嫩度。所谓糖液的老嫩度，指的是究竟要把糖液炒到何种稠黏度才适合。这里有一个感官鉴定的标准，就是把糖液炒到鼓大泡时为最佳，这种大泡，行业内通常叫"鱼眼泡"，这个时候进行粘裹是最好的时机。如果还没有鼓大泡，表明糖液里的水分还多，这时硬要进行粘裹，不仅调料的附着力差，而且糖液里的水分还会趁机渗透进花生米中，做出来的怪味花生仁吃起来不酥脆。如果炒过头了，又炒还原了，糖液由液体变成固体，怎么粘裹呢？

其三，花生米裹上糖液以后，最好将其放置在通风的地方，或者干脆就用风扇对着吹，让做好的怪味花生仁快速冷却。

激出来的鱼香味

（菜例：拌鱼香豌豆）

有人说川菜最早只有热菜中才有鱼香味，冷菜的鱼香味只是在近20年才有的。我认为这句话有点偏颇。

我认为鱼香味是碗里激出来的，是源于一道四川人常做的家常小吃，它的名字叫激胡豆。以前，每年当夏季来临之际，四川一些老百姓家里为了方便下稀饭或下酒，主妇们将干胡豆用温水泡后，放进锅里去炒熟、炒香，然后把炒过的胡豆倒入盐、酱油、醋、红糖、姜米、蒜米、葱花、泡红辣椒茸、生菜油以及冷开水对成的味汁碗中，盖上盖，利用冷热转换的作用使胡豆变得炧软入味。有的人做这个菜的时候，还要在味汁里加进一点切碎的藿香叶，这样做出来的菜就叫"藿香嫩胡豆"。根据这个菜的调料构成分析，激胡豆实际上已经具备了鱼香味的雏形。

常出现在餐馆里的这类菜有鱼香青豆、鱼香豌豆、鱼香蚕豆、鱼香花生仁、鱼香腰果等，只不过，做这些菜不是用激的办法罢了，但是它们有一个共同的特点，那就是做菜的原料都是豆果类。

将鱼香味用于拌菜的历史不长，而且品种大多为豆豆、果果这类原料。

冷菜的鱼香汁不同于热菜的鱼香汁，这主要表现在两点：一是冷菜鱼香汁的调料不下锅，而热菜的鱼香汁的调料是要下锅的。二是冷菜的鱼香汁不用勾芡，而热菜的鱼香汁是要勾芡的，因此，冷菜的鱼香味显得更醇、更浓、更香，原因是它们没有经过高温，质地没有受到破坏，这些原料所故有的风味保留了下来。

那么，冷菜鱼香味的调料有哪些呢？有泡辣椒茸、姜米、蒜泥、葱花、盐、酱油、醋、白糖、味精等。

鱼香味的风味特色是咸、辣、酸、甜，"四味"兼备，香味浓郁。这个香味主要是来源于姜、葱、蒜。

这个味型的菜例我只举一个，名字叫拌鱼香豌豆。

【拌鱼香豌豆】

制作拌鱼香豌豆用的原料：豌豆500克，盐2.5克，酱油1.5克，醋20克，白糖30克，泡辣椒茸40克，姜米10克，细葱花30克，蒜泥40克，味精1克，熟菜油500克。

做拌鱼香豌豆分两个步骤：

第一步，把豌豆洗干净，装入筲箕中。用刀适度地砍一下豌豆，把陷在刀口上的开口豌豆抹入一碗中，边砍边抹边装，直到把筲箕中的豌豆都如此加工后全部装入碗中。在七成热油温的油锅中，将碎豌豆炸透炸酥。为啥要把豌豆砍一下呢？一是为了炸豌豆时豌豆不爆；二是为了炸豌豆时让豌豆仁能直接接触到烫油，这样豌豆就可以炸得又脆又酥又香。豌豆炸好了后将其捞起备用。

第二步，对调料。先用醋将白糖研茸、研化，然后加盐、酱油定味。接着，加泡辣椒茸、姜米、细葱花、蒜泥、味精，将调料调匀。要达到"四味"兼备，这些调料一样也少不了。味汁调好了以后，把炸好的豌豆倒进去拌，拌好后装盘。做拌鱼香豌豆不能像做其他冷菜那样把味汁淋在上面。这个菜最好是现拌现吃，因为如果拌好后放的时间久了，豌豆会返潮，失去酥香的特色。

做这道菜需要说明以下几点：

其一，调味汁时，可以适量地加一点芝麻油进去，加芝麻油是为了给菜增加一点香味。有的人是菜拌好了以后，锅里烧一点滚油，用滚油略略把菜烫一下。

玩味川菜

其二，豆豆、果果一类的东西表面比较光滑，不太好统味，让味巴上原料很难，所以这个菜用的姜、葱、蒜、泡辣椒茸整得越细越好。譬如蒜，最好是剁成蒜泥，不要用蒜米子，姜剁成姜茸，葱切得很细，泡辣椒铡成茸，味汁要调浓，不要弄得汤汤水水的，否则不容易巴上原料。

其三，这个菜同样可以演变，用青豆代替豌豆，则可以做成鱼香青豆；用蚕豆代替豌豆，则可以做成鱼香蚕豆；用花生仁代替豌豆，则可以做成鱼香花生仁；用腰果代替豌豆，则可以做成鱼香腰果。不管你做哪一种，都必须要把豆、果炸过。如果是做鱼香蚕豆，还必须把蚕豆的外壳去掉，然后才炸。如果是拌花生仁、拌腰果，味汁必须调得干一些，因为腰果和花生仁的表面更光滑，味汁更不容易巴上去，所以说味汁干稀要根据原料来决定。

爽口、爽胃话姜汁

（菜例：凉拌蹄花、姜汁豇豆）

在川菜的诸多味型中，有些是因突出某一两种调料的特殊风味而得名，姜汁味便是其中之一。

说到姜汁味，首先就要谈姜。四川的姜可以说是自古就有名，早在2 000多年前的《吕氏春秋·本味》中就提到了四川的姜，被誉为"和之美者，杨朴之姜"。"杨朴"具体指的是四川的哪一个地方虽然尚未考证清楚，但是清代的毕沅表中有一条批注对此作过交代，上面说："蜀郡杨朴。"蜀郡，即今日之四川。在后汉的三国时期，蜀姜已经成为当时人们用于烹鱼的上佳材料。

为什么要特别提到烹鱼呢？因为有两个故事：后汉书《方术传》里讲，左慈从一个空盘里钓出一条鱼，曹操曰："光有鱼，无蜀姜，何以烹鱼？"于是，左慈作法，取来蜀姜。东晋葛洪的《神仙传》里记载的故事则讲介象如何作法，取姜烹鱼。这两个故事虽然荒诞，但是至少可以说明一点，蜀姜当时已经远近驰名了。

姜作为一种药，其味辛、性温、益脾胃、散风寒，具有生用发热、熟用和中的功能。姜有一种特殊的芳香气味，并含有多种氨基酸，能避鱼的腥味并排除肉类的毒素。另外，姜还含有一种酵素，可以使肉质变得细嫩。这就是厨师在码芡、码味的时候，为什么要加姜的原因。

鲜姜，又称为子姜。子姜是很好的一道菜。它可以与猪肉、鸭肉搭配，使做出来的菜香浓质脆。老姜多用作辅料、调料，有除异、增香、岔色或者体现风味的作用。也就是说，在一般的菜品中，姜可能只起除异、增香、岔色的作用，但是在一些菜品中它却担当着体现风味的角色。姜汁味，就是要体现姜的风味，另外，鱼香味也离不得姜，因为鱼香味里也要有姜的风味才行。

川菜中凡是肉类的菜品几乎无一不用老姜，不管是烧的、炖的、炒的，在烹制的过程当中几乎都离不开老姜。有些菜，譬如回锅肉，猛一看好像不用姜，但是别忘了，在煮肉的过程中已经用了姜。

冷菜中的姜汁味主要是用于凉拌。姜在其中不仅有开胃的作用，而且还有健脾的功效。在调制这个味型的时候，要将去皮的老姜切成细末，加适量的醋和酱油（或者是加少许盐）进行浸泡。记住，姜一定要浸泡。有的人做这种味型的菜，姜皮不刮，剁细就用了，这不对，姜一定要去皮，而且还必须切成细末，因为，剁出来的东西总是不规则，如果再带皮，那就更影响它的感官效果了。也许有人会问为啥姜要浸泡呢？这中间有一个科学道理，盐、酱油、醋都含有盐分，盐有一个特殊的功能，它可以把姜的味道"追"出来。

做姜汁菜时，有一些菜的原料比较高档，譬如说凉拌鲍鱼做姜汁味，如果姜米子加得太多了，会影响菜的感官。遇到这种情况，可以把姜剁茸，用纱布包起来，通过挤的办法把姜汁挤出来。为了显示菜里用了姜，可以加一点姜米子，但量一定不能太多。以前我看见一些冷菜厨师调制姜汁味时，把姜拍破，丢进醋里去泡。这种浸泡方法就没有把姜切细了再泡的效果好。浸泡一段时间以后再来定味，看它的酸味够不够，酸味主要是靠盐来定。最后才下芝麻油。调制味碟时，一定要有先后次序，不能乱放一气。芝麻油起增香、增色的作用，但不能放多，放多了，味巴不上去。

在川菜中，姜汁味的菜式有姜汁鲍鱼、姜汁海参、姜汁鱿鱼丝、姜汁鱼丝、姜汁鸡丝、姜汁脆肚、姜汁鸭掌、姜汁拐肉、姜汁腰片、桂花冻肉、姜汁芸豆、姜汁菠菜、姜汁蕹菜、姜汁豇豆等。属于姜汁味的菜式比较多，这里所举的只是家常菜。

姜汁味的菜我举两个菜例，一个是凉拌蹄花，一个是姜汁豇豆。

蹄花，可吃炖的。炖的蹄花，汤白肉烂，一般是蘸碟子吃，吃起来别具风味。也有卤来吃的。卤蹄花，人们通常是将其拿在手中吃，这种吃法别有情趣。

【凉拌蹄花】

凉拌蹄花的特点：软中带韧，味清淡不腻。主要在夏季食用。

凉拌蹄花的原料：猪蹄 1 千克，姜米 75 克，葱 50 克，醋 30 克，盐 3 克，酱油 15 克，味精 1 克，芝麻油 15 克。

做法：

第一步，去掉猪蹄上残存的毛，将猪蹄刮洗干净。逢中切一刀，把猪蹄砍为两半，放入汤锅中煮，煮时加姜、葱，有的甚至要加花椒。既要把猪蹄煮炽，但又不能煮得太炽，即要煮得炽而带脆，捞起晾冷，然后把猪蹄砍成小块，一般来说，一只猪蹄砍成 8 块为宜。

第二步，煮猪蹄的同时，姜米用酱油和醋浸泡待用。拌菜的时候，再加盐定味。放味精、芝麻油调匀，最后拌蹄尝味。

做这道菜需要说明以下几点：

其一，猪蹄不能煮得太炽。所谓太炽，用四川话说是煮得都没有"魂"了，吃起来没有嚼劲了，猪蹄还是有点嚼劲才好吃。猪蹄冷的时候返脆，热的时候是炽的，所以煮猪蹄以炽而带劲为好。

其二，如果是冬天食用，可以采取热拌冷汁的办法，也就是说，将蹄花放到滚汤里冒一下，待蹄花冒热了以后捞起，把滋汁倒下去一起拌。天冷，一些人吃了冷的东西肠胃受不了，采取热拌冷汁的办法这个问题就不存在了。除了蹄花外，以前说的拌香拐子，也爱采取热拌的方法。再如以前做的拌肥肠，大肠头子脂肪重，如果冷吃，人们的肠胃受不了，因此也是热拌冷汁。

其三，有些人在家里做这个菜还要加点葱花、辣椒油，这种做法，行业里称作"姜汁搭红"。当然，这又是一种风味。辣椒油也是一种辣，但这种辣与姜汁那种辣不一样，所以它们相互间不会起什么冲突，而且还别有一种风味。"姜汁搭红"的做法以前流行于家庭，现在一些餐馆也在采用这种办法了。

【姜汁豇豆】

姜汁豇豆是川菜席桌上的素碟子，属席桌冷菜的组合。这种吃法还是家庭做得多一些。豇豆有两种，这里用的是青豇豆，俗称"泡豇豆"。泡豇豆根细质实。泡豇豆汩了以后颜色给人很新鲜的感觉。另一种豇豆是人们叫的"菜豇豆"。菜豇豆一般焖来吃，也有拌来吃的。在席桌上，姜汁豇豆除配合荤碟外，还起配色的作用，其色碧绿。口感上，姜汁豇豆给人以清脆、爽口的感觉。

做这个菜的原料比较简单，用青豇豆250克，老姜35克，盐2克，醋20克，味精1克，芝麻油10克。

做法：

第一步，把老姜刮皮，洗净，切成细末装入碗内，加盐1克和醋浸泡待用。

第二步，豇豆煮后捞起。这种方法四川人习惯称之为汩，但是，它比一般情况下的汩用的时间要长一些。豇豆不汩熟，同四季豆不熟一样，其所含的一种毒素没有分解，人吃了有害健康。豇豆汩熟了，趁热加少许盐拌和一下。豇豆晾冷以后，切成长约8厘米的段，整齐地摆入盘中。在泡姜的碗中加味精、芝麻油调匀，然后将味汁淋在豇豆上，这个菜就做成了。

有些厨师做这个菜，当豇豆汩熟起锅时，除了码盐、改刀外，还要加点芝麻油拌一拌。这种做法，虽然豇豆看上去发亮了，但是因为豇豆表面附上了油，能不能更好入味，又是一个问题，油都把豇豆包住了，味咋个进去呢？所以我认为还是前一种方法好一些。

做这道菜需要说明以下几点：

其一，豇豆一定要煮熟。

其二，芝麻油的用量一定不能大。

其三，喜欢吃辣味的人，可以加点熟油辣椒进去。如果席桌的档次比较高，这个菜里还可以加点金钩、干贝等高档一点的材料。尽管用了这些材料，它还是归属于素碟子。

微辣而香的煳辣味

（菜例：干拌牛肚、陈皮牛肉）

在川菜的冷菜当中，有一种十分独具特色的味型——煳辣味。因为它辣而香，故有人又称其为香辣味。

51

制作这种味型用的主要调料是干红辣椒、花椒。在四川，品质最好的辣椒当数二荆条，其次才是什邡椒。二荆条产自成都市龙潭寺一带。二荆条品质好在哪里呢？好在色红、肉厚、辣味不烈。什邡椒又被称为"大红袍"。什邡椒产自什邡县。花椒则以产自汉源县的花椒品质最佳。这两样作料产地都在四川，是四川的特产。

为什么这种味型被称为煳辣呢？主要是所用的辣椒要用油炸或者用少许的油炕，炕到有点煳。辣椒经过炕以后，能降低其辣的辛辣度，同时还会产生一种特殊的香味，谓之煳香，故名煳辣。外地称煳为焦。其实，它又并没有达到焦的程度，真正焦了，质就变了。热菜中的宫保系列和冷菜中的香辣系列均突出了这一特点。煳辣味这种香味，不能用一般的辣椒面去代替，也代替不了。

另外，在冷菜中还单独列出来一种味型，叫陈皮味。冷菜中的煳辣味和陈皮味有异曲同工之妙。陈皮味只是在香辣味的基础上加入了中药的陈皮，当然，其他调料的用量也作了一些调整。正因为它们风味相近，所以我把它们一并介绍，不再单独列一个陈皮味。

煳辣味主要用在炸收的冷菜上，也有少量的用于干拌菜品，制作不同，用料也不尽一致。譬如，炸收的调料是干辣椒、花椒、盐、白糖、芝麻油、清汤，如果用于动物原料，还要酌量加用绍酒。其菜品有花椒鸡、花椒兔丁、花椒牛肉、花椒鳝鱼、花椒肉丁、花椒豆筋等。干拌菜品的调料是刀口辣椒、花椒面、盐、味精、芝麻油。其菜品有干拌牛肉、干拌牛肚、干拌环喉、烧拌鲜笋等。

陈皮味主要用于炸收的冷菜，间或也用于热菜，也就是说，陈皮味菜品冷热都可以吃。像陈皮牛肉、陈皮鸭，在以前的菜谱上也看到过，它也可以热吃，不需要放冷，更不需要贮存一两天后才吃。它的菜品有陈皮虾、陈皮鸭、陈皮兔、陈皮肉丁、陈皮牛肉片以及陈皮腐竹、陈皮豆干等。

鉴于这种情况，我分别举两个菜例。

【干拌牛肚】

所谓干拌，是指在调料中几乎不见或者少见液体状的调味品。这种制作方法最早始见于一般的烧腊摊子，也就是我们通常说的腌卤摊。客人买卤制食品，摊主把食品切成片，包好以后，附带送你一个装有辣椒面、花椒面的小纸包，供客人在食用时拌入菜中，以增加一种麻辣的风味，所用的辣椒面、花椒面都是干的。所以我认为，干拌可能正是从这中间得到了启示。

干拌牛肚的原料：牛的肚子有四个，一般来讲，烹调用得最多的是草肚和蜂窝肚。牛肚 250 克，刀口辣椒面 30 克，花椒面 3 克，盐 3 克，味精 1 克，芝麻油 10 克。

做法：将牛肚放入锅中煮熟煮㸆，捞起晾冷。用刀将牛肚斜片成薄片，把牛肚片放入碗中，加辣椒面、花椒面、盐、味精、芝麻油，拌匀后装入盘中，这个菜就做成了。

做这道菜需要说明以下两点：

其一，牛肚有熟品卖，如果用熟品，一定要选煮㸆了的。如果买回来的牛肚没有煮㸆，拿回来再想煮㸆就难了。

其二，如果用卤牛肚，那么用盐一定要谨慎，因为卤过的牛肚都带一定量的盐分，所以在拌的时候盐一定要少用。干拌这种烹制方法简便可行，它的复杂之处在于炸海椒和花椒时要把握好度。如果不用炸的海椒，用一般的干辣椒面也可以，可以省一些事，无非是糊辣味没那么浓而已，但是，辣味还是有的。

【陈皮牛肉】

陈皮就是干的橘子皮。作为一种中药，陈皮有行气健脾、燥湿化痰、降逆止呕的功用。用陈皮做菜，主要是取其香味，陈皮在菜中起增香、提味和突出风味的作用。陈皮味苦，量用大了则伤味，故用的时候要谨慎。具体操作时，应先用温水泡去陈皮的一部分苦涩味再用。

陈皮牛肉的原料：无筋瘦牛肉 500 克，陈皮 40 克，干辣椒段 60 克，生花椒 3 克，拍破的姜 50 克，葱段 50 克，盐 3 克，绍酒 40 克，白糖 25 克，芝麻油 25 克，汤 450 克，植物油 750 克（大约耗 100 克）。

做法：

第一步，选无筋的瘦牛肉洗净，切成长 4 厘米、宽 2.5 厘米、厚 0.3 厘米的片；将牛肉片放入碗中，加盐 1.5 克、葱 25 克、姜 25 克、适量绍酒，拌匀后腌 15 ~ 20 分钟；陈皮切成 1.5 厘米见方的片，用温水泡后洗净。

第二步，炒锅置旺火上，倒入植物油，烧至七成热时，放入牛肉片炸至表面变色且略翻硬时捞起。注意，肉片不能炸得太狠。滗掉油，锅中只留油约 50 克，油一烧热即下干辣椒段、生花椒、陈皮一起炒，这时油温不能太高，否则辣椒容易炒煳，炒出香味后，放入牛肉和剩下的姜、葱、盐、绍酒及白糖一起炒匀，掺汤，汤烧开了后改用小火慢收，收到现油并略显汁的时候下芝麻油和匀后起锅。

这个菜的糖为什么要用得多一点呢？因为陈皮味比较苦，糖的用量多一些可以中和陈皮的苦味。糖在收的过程中，特别是在油脂比较重的情况下会产生煳化，也就是说，到一定的程度糖已经不纯粹是糖汁了，它会煳化，成为我们称的炒糖色，起上色的作用。一些厨师根据自己的经验认为直接上糖色并不好。因为掌握不好会出现二次煳化，第二次煳化的结果：第一，味道可能变苦，以致吃不到甜味；第二，颜色会变得更深。因此他们认为与其用糖色，还不如直接用糖。

做这道菜需要说明以下几点：

其一，这道菜可以热吃，但最好冷吃。冷吃可以大量地制作。前面在讲这个菜例时，虽然讲用 500 克牛肉，但如果是冷吃，则可以多做一点。据我所知，做这个菜，一般一次 2 000~5 000 克，做好之后装入罐中存放两天以后，其味会更美。

其二，忌用酱油。这道菜用酱油会影响成菜的色泽，感官效果不好。

其三，糖在这道菜中，除了中和陈皮的苦味、缓解辣味以外，还有煳化上色的作用。

其四，汁水不能收干，收得只有油不见汁不行，还是要带一点汁才好，这样肉吃起来才比较滋润。

其五，与花椒鸡相比较，陈皮牛肉的麻辣味要略轻一些，而甜味要略重一些，要能够品味出陈皮的那种特殊味道才行，否则怎么叫"陈皮味"嘛！有一些厨师在做这个菜的时候，是先把陈皮淘洗干净，然后用清水泡陈皮。这样做，除了可以泡软陈皮外，还可以把陈皮的部分味道泡入水中。制作时，他们把泡陈皮的水倒入锅中，一起收汁，其目的就是为了成菜时能品出陈皮的味道。

酸酸甜甜说糖醋

（菜例：糖醋黄瓜、糖醋排骨）

酸甜味这种味型的形成，我认为可能是来源于水果的滋味。这不是臆说，因为用酸味调制菜肴我国有悠久的历史。人们最早取酸味的方法，用的就是梅子。《尚书·说命下》记载："……若作和羹，尔唯盐梅……"意思是说，如果做有味的羹汤，只有用盐梅。调制酸味的羹汤，其酸味就是从梅子中获取。另外，相传米醋的最早制作者是东晋竹林七贤之一刘伶的妻子。刘伶以善饮著称，人们说他"纵酒放达，乘驴车，携一壶酒，使人荷锸相随"。其意是说，刘伶喜欢喝酒，性格豁达，他每次出门乘车，都要带一壶酒，让人扛上把锄头相随。刘伶常对人说，我死于何处，便把我葬于何地。他所说的死，是指醉死。刘伶因善饮，酒量又大，他也不知何日会一醉不醒。刘伶夫妻十分恩爱，其妻害怕为刘伶酿酒误事，更怕刘伶饮酒出事，因此，她每一次为刘伶酿酒之时，都用酸合于酒中，以降低酒精含量。后人仿效她这种方法，制作出了米醋，因而米醋又有"苦酒"之称。

醋为酸、甜、苦、辣、咸五味之首，它不仅醋香味美，能增加菜肴的色、香、味，而且可以解除鱼腥肉腻。因为醋含有一定量的乳酸、葡萄糖、琥珀酸、氨基酸等营养物质，这些物质恰恰具有上述功能。此外，醋还可以促进钙、磷的溶解吸收，阻止维生素被破坏，等等。因此，烹制菜肴时酌加醋是大有益处的。难怪宋代陶谷在其所著的《清异录》中，称誉"酱，八珍主人也；醋，食总管也。"

说了酸，再说甜。甜美、甜蜜、甘甜主要来源于糖。我国是世界上制糖最早的国家之一，距今已有 2 000 多年的历史。糖的主要成分是碳水化合物，是提供和补充人体必需热量的主要原料。因其具有甜美的滋味而被广泛用于食品工业中，而食品工业用糖又主要用来制作糖果、糕点。

烹调上，糖除了用于甜菜、甜食和甜羹以外，还广泛用于调味，起和味、矫味、上色和体现风味的作用。

烹调中用的糖主要是白糖、冰糖、红糖和蜂蜜等。有人说，在固态糖没有出现以前，人们吃的糖还主要是取之于野蜜蜂酿的蜜，因此，人们把蜂蜜称为大自然赐给人类的礼物。

所谓和味，是指在烹调中加适量的糖，使菜肴的味更加柔和，但是，用糖量要以吃不到甜味为标准。另外，糖还可以缓解辣味的浓烈度，比如遇到太辣的东西时，加一点糖，吃起来感觉就不是那么辣了。这就是为什么在一些麻辣味的菜中加适量的糖，人们就会感觉辣得不是那么难受的原因。这就是矫味的作用。

玩味川菜

川菜中的不少味型也要靠糖来体现风味，譬如糖醋味、荔枝味、鱼香味、怪味等等，里面都含有糖，风味都离不开糖。像糖醋味，糖还是一种主要的调料；荔枝味，糖也是一种主要的调料；鱼香味也要用糖；怪味五味的调和同样要用糖。

冷菜的糖醋味，主要用于凉拌、炸收、浸渍等制作方法。

糖醋味的调料构成：白糖、醋（或白醋）、盐和芝麻油。

菜品有糖醋黄瓜、金钩青笋、素发菜卷、糖醋萝卜丝、糖醋子姜、糖醋蜇卷、糖醋排骨、晾干肉、珊瑚雪卷、珊瑚雪条和糖醋胡豆，等等。

【糖醋黄瓜】

制作这款菜式有两种方法：一是浸渍，二是凉拌。

一、浸渍

将黄瓜去瓤、切条、拌盐，腌渍一会儿，然后将黄瓜条放入用盐、糖、白醋（或果酸）和冷水调成的汁水中，浸渍几个小时后即可取出食用。

二、凉拌

制作凉拌黄瓜，关键是调制味汁，要求味汁浓稠，使味汁尽量依附在食材上。黄瓜表皮比较光滑，水分重，味汁调稀了，巴不上原料。

糖醋黄瓜的原料：黄瓜300克，白糖25克，醋30克，盐3克，芝麻油15克。

做法：

第一步，把黄瓜洗干净，切去两头，去瓤，切成长约7厘米、宽约1.5厘米的条，用1.5克的盐拌匀，腌15分钟。

第二步，将白糖、醋放入碗中，把白糖研茸、研稠，加1克盐定味。然后尝甜酸度是否凸显出来了，如果味不够，再加一点糖或醋。加芝麻油调匀。

第三步，用水将黄瓜冲一冲，沥干水分，将黄瓜条整齐地摆入盘中，淋入味汁即成。

做这道菜需要说明以下两点：

其一，盐腌黄瓜的目的，除了给它一个基本味外，还可以去除黄瓜的部分涩水。盐有一个功能，可以追出带水分原料中的部分水分。家庭做拌青笋、拌萝卜，也是先码盐，腌一会儿以后，用清水冲一冲，同样，也要把水分挤干，然后才拌味。

其二，芝麻油在菜里所起的主要作用是增加香味和增添光泽，因此，用量不能多。凡是凉拌菜，油多了都会影响味的效果。像有些家庭做这个菜不用芝麻油，照样可以拌出糖醋味，一样好吃。

【糖醋排骨】

这个菜有几种做法：第一种做法是蒸、炸、黏裹；第二种做法是煮、炸、黏裹；第三种做法是直接生收而成。

用第一种方法制作，菜的成形好、色泽好。餐馆大多都喜欢采用第一种方法。首先是蒸，能最大限度地保持原料的固有形态。其次是炸，油、糖在锅里的时间不是很长，类似于黏裹的制作方法，相对而言，颜色就要好掌握一些。这种做法的唯一缺点是醋味不是很浓。

用第二种方法制作，菜的成形不如第一种方法好看。因为煮，原料在锅里随滚烫的汁水上下翻滚，连续受到冲击，其形态必然会有不同程度的变化。此外，煮还有一个缺点，其原料本身含的鲜味会因煮而造成较大的损失。

用第三种方法制作相对比较简便，家庭烹制糖醋排骨多用这种制作方法。下面介绍第三种糖醋排骨的制作方法。

糖醋排骨的原料：猪排骨 750 克，菜油 100 克，姜、蒜片共 25 克，醋 30 克，绍酒 50 克，水豆粉 75 克，泡红辣椒 6 根，白糖 40 克，葱段 25 克，盐 3 克，高汤 1 200 克。

做法：

第一步，将猪排骨洗干净，然后宰成长 3.5 厘米的节。泡红辣椒切成节。

第二步，炒锅置旺火上，下菜油，这里一般用的是熟菜油。当油烧至六成热时，下排骨煸干水汽。放盐、姜、蒜片、泡红辣椒和绍酒，再煸一两分钟。掺入高汤，约收汁 1 个小时。当排骨入味的时候，放入白糖、醋、葱段，再收汁，直到汤变浓稠时下水豆粉，将滋汁再收浓稠一些，这个菜就做成了。

做这道菜需要说明以下几点：

其一，因为这里讲的是家庭的做法，所以用了泡辣椒、水豆粉。加水豆粉的目的是为了使滋汁更加浓稠、更加巴味。加泡辣椒是为了取一点泡辣椒的味。但行业里做这个菜是不加水豆粉的。用家庭做法烹制出来的糖醋排骨，在口感上不可能像炸过的那么好，炸过的排骨表皮更酥软。一般来说，家庭做糖醋排骨多采用煮而不是炸，因为炸用油量大。

其二，所用的猪排骨最好选用肉排骨，或者选用签子排骨，肉多才有嚼头。

其三，做这个菜如果要加酱油，一定要注意盐与酱油的用量，加了酱油，盐的用量一定要少。做得好的糖醋排骨呈黄澄澄的色彩。像糖醋排骨的第一种做法，类似黏裹。它是将排骨蒸熟，熟到肉基本上离骨了再炸制，炸到排骨表皮酥软。然后锅里才炒糖、下醋，等到糖炒得差不多了，颜色也出来了，才把排骨放下去，两裹三裹，菜就可以起锅了。因为排骨在锅里的时间不长，所以它给人的口感、颜色相对就要好一些。

咸辣鲜香的蒜泥味

（菜例：蒜泥黄瓜、蒜泥白肉）

蒜泥味的菜肴是川菜的特色味型之一。宫保鸡丁、樟茶鸭、麻婆豆腐、蒜泥白肉四种菜式称为四川的四大名菜。

关于蒜泥白肉，我想它是因两个原因而出名：第一，它有特殊的风味；第二，它跟麻婆豆腐一样，都是属大众家常菜的代表。

大蒜实际上是一种舶来品，古书上把它称之为"胡蒜"。相传，西汉张骞出使西域，带回来了大蒜。在这之前，并不是我们国内没有蒜，只不过当时是野生蒜，个体比较小，而张骞带回来的蒜个体比较大，所以中国人又把它称为大蒜。

大蒜在四川广为种植，以成都地区出产较多。大蒜，在四川除了有分瓣的鳞茎蒜外，也就是我们喊的瓣瓣蒜、芽芽蒜，还出产一种形圆似珠、不分瓣的鳞茎蒜，这种蒜我们称之为独蒜。独蒜在国内其他地区产得很少，外地产的大蒜分瓣的多，而且其个体比四川产的大蒜还要大，一芽蒜有成人大拇指般大。

大蒜的医用价值很高，如能防治胃肠疾患，可以抑制血管凝块，防治心脏病、动脉硬化，还可以降低人体内有害的胆固醇和甘油三酯；医学研究表明，大蒜还可以抑制皮肤溃疡和结肠癌。

传统的蒜泥白肉是以咸鲜味为主，突出蒜泥的辛辣味。这里不得不提竹林小餐^①的蒜泥白肉。自从竹林小餐的蒜泥白肉出现以后，人们便厚此薄彼了。竹林小餐的蒜泥白肉的风味与以前蒜泥白肉的风味是两回事，以前的蒜泥白肉不加红油，就是用酱油、味之素（即现在的味精）、盐、芝麻油、蒜泥拌起来就成菜了；而竹林小餐的蒜泥白肉要加辣椒油，而且还要用一种经过加工的复制红酱油。其味确实很有特点，所以人们才会"厚此"而"薄彼"。

蒜泥味的调料：蒜泥、复制红酱油、辣椒油。

调料中，需要重点说的是复制红酱油的问题。复制红酱油，市场上没有成品卖，它是厨师加工制作而成的。

复制红酱油的具体加工制作方法：用酱油5千克，红酱油5千克，红糖1.5千克，香料，包括八角15克、桂皮（肉桂更好）10克、甘草25克，山奈2.5克，用纱布口袋把香料装起来，封口，一同入锅，用小火煨1个多小时，让它们充分融和，熬至浓稠以后把香料袋取出，复制红酱油便制作好了。

复制红酱油的口味是咸甜鲜香。

加工复制红酱油所用的酱油，一个是白酱油，一个是红酱油。红酱油有两种：一种叫咸红酱油，一种叫甜红酱油。这里所讲的红酱油指的是甜红酱油。第三个就是红糖，第四个就是香料。有的人加工这种酱油是用白酱油加红糖、香料熬制以后，还要用中坝口蘑酱油来勾对，口蘑酱油带有口蘑的鲜味，中坝的口蘑酱油也是很有名的。

家庭不可能熬很多复制红酱油存放起来，毕竟家庭的用量不大。你可以用酱油（或口磨酱油）与白糖一起研茸、研化来代替。虽然没有餐馆熬制的复制红酱油那么正宗，但还是能够体现出那种风味。

蒜泥味的风味特色是香辣鲜美。这个香，既有调味的香味，也有蒜泥的香味，还有香料的香味，尤其是蒜味浓厚。

蒜泥味的代表菜有蒜泥黄瓜、蒜泥蚕豆、蒜泥白肉、蒜泥牛肚梁，等等。

这里举两个蒜泥味的菜例。

玩味川菜

---

① 竹林小餐，清末民初在成都的闹市区复兴街开业，创办人叫王兴元。旧时的成都人有这样的说法，竹林小餐的一份白肉，两个人吃不完。这里所说的"白肉"是指竹林小餐的蒜泥白肉，它是这家名店的当家菜，早已四方驰名，为老成都市民津津乐道。

【蒜泥黄瓜】

蒜泥黄瓜是一种家常菜式，入口清脆，香辣适口。

蒜泥黄瓜的原料：黄瓜 500 克，熟油辣椒（带一定量的辣椒油）40 克，蒜泥 25 克，盐 3 克，酱油 1 克，白糖 15 克，醋 15 克，花椒面 0.5 克。

做法：将黄瓜用清水洗干净，去掉两头、青皮和瓜瓤，如果是嫩黄瓜则用不着去掉瓜瓤，然后切成小滚刀块。小滚刀块，行业里叫梳子背。你看木梳子，上宽下薄，黄瓜就要切成那样，也不是块，也不是条，也不是段，也不是丝，就是要切成上宽下薄的滚刀块。把小滚刀块放进筲箕中，用盐拌匀，码 10 分钟。用一个小碗，加入酱油将白糖研化，再加熟油辣椒、盐、醋、花椒面、蒜泥拌匀。吃之前，将黄瓜块用清水淘一次，挤干净水，把调料放进去，拌匀后蒜泥黄瓜就做成了。

家庭做这个菜，特别是嫩黄瓜，根本不用刀切块，而是用刀把黄瓜拍烂，然后用调料拌，老百姓认为这种做法不沾铁锈味。

做这道菜需要说明以下几点：

其一，要掌握好盐的用量。

其二，熟油辣椒是指烫过红油的辣椒。熟油辣椒的油和辣椒都要用。

其三，如果用嫩黄瓜，也可以不去皮。

【蒜泥白肉】

蒜泥白肉是原成都竹林小餐的名菜之一。为什么这里要用一个"原"字呢？因为现在成都市已经没有竹林小餐这家餐馆了。当年，竹林小餐有三大名菜：罐汤、白肉、冒结子。罐汤，是肉丝罐汤；白肉，是蒜泥白肉；冒结子，是把红烧的猪肠子拴成旧时"瓜皮帽"顶子上的结子形，故谓之"冒结子"。这三个菜是当时竹林小餐的三个招牌菜。

蒜泥白肉曾经风靡一时，为老成都市民所津津乐道。这个菜要求选料精，火候适，刀工好，作料香。一般是热片热拌，成菜红润光亮，吃的时候，用筷子来拌和，巴色巴味。当时人们这样形容这道菜：随着热气蒸腾，一股浓浓的香味直扑鼻端，使人食欲顿时大开。

蒜泥白肉适宜热拌，因为趁热的时候拌才容易巴味，热拌香味才容易散发出来，热拌光泽才显现得出来。

以前竹林小餐的白肉，猪肉煮好了，还要把肉泡在热汤里，肉都是一开的"戒方块"。"戒方块"，是指像封建社会县官升堂用的"惊堂木"

那个形状。客人点菜以后，厨师才从热汤里取出肉块，肉块很烫，一般人根本不敢用手去按住片肉。为啥要趁热片肉呢？因为猪肉皮子要趁热才好片，皮子一冷会吃刀。竹林小餐的白肉是见不到水的，比起冷肉片拿到热锅里去冒一下效果要好得多。冒，多少带一点水，加上现在的作料也不是那么地道，自然风味上就达不到那么高的水平。

蒜泥白肉的原料：猪腿肉 250 克，蒜泥 25 克，复制红酱油 60 克，辣椒油 25 克，姜（拍破）30 克，葱段 25 克。

从原料构成上看，它只用了三种调味品，就是蒜泥、复制红酱油和辣椒油。

做法：选肥瘦相连的猪腿肉，刮洗干净，放入锅内，掺水，加姜、葱，煮至皮软断生。有一个检验办法，用竹签子戳一下瘦肉部分，见不到血水出来便差不多了。肉捞起来，用原汤浸泡 20 分钟。浸泡是为了保持皮子的软度。以前有一道菜，名叫皮扎丝，是把猪皮切成大头菜丝子般细的丝，拌成红油味。你想，把猪皮切那么细，冷肉皮子咋个切？浸泡的汤热到什么程度为宜呢？与人体温度差不多或者略高一点比较合适，冷了，不好切；烫了，手受不了。走菜的时候才把肉从热汤里捞出来，揾干水汽，片成极薄的片，片得越薄越好，能不能片薄，要看各人的刀工技术了。以前的蒜泥白肉，肉片不是平铺而是用手抖放在盘里，肉片有卷有立，既好看，又显得肉多，调料浇上去也好拌。肉片放入盘中后，第一个加的调料是复制红酱油，第二个加的是辣椒油，第三个加的是蒜泥。

做这道菜需要说明以下两点：

第一点，刀工技术差的人，可以用刀把肉切成片，不会片，何苦要硬片呢？切的效果虽然差，但至少可以感受到这个菜的风味。

第二点，如果是做蒜泥白肉丝，必须去掉肉皮，先顺着肉的长度切成片，然后再切成丝，拌上作料。家庭做这个菜也可以连皮切成丝。

家庭喜爱的酸辣味

（菜例：鱼腥草拌青笋片、酸辣腰片）

川菜冷菜的酸辣味特别受家庭钟爱。家庭烹制不一定按照严格的规范和要求来操作，随意性很强，这不仅是囿于条件，而且也与人们的口味习惯相关。譬如说乐山地区一带的人，拌凉拌菜就喜欢加一点糖；又譬如说成都地区金堂县那一带的人，无论拌什么菜都爱加一点醋，这与他们的饮食习惯有很大关系。

酸辣味这种味型，除了家庭喜欢外，还广泛被用于小吃，尤其是那些姑娘们，对酸辣味更是情有独钟，譬如像酸辣粉、酸辣面、酸辣凉粉，都是她们的最爱。一首童谣里唱道："辣呼儿辣呼儿又辣呼儿，嘴上辣个红圈圈。"正是这种情形的写照。

冷菜的酸辣味与热菜的酸辣味在构成上是不尽相同的，虽然其主要调料都是盐、酱油、醋、熟油辣椒、辣椒油等，但是热菜的辣味主要是出在姜和胡椒上，而冷菜的辣味则主要是出在熟油辣椒和辣椒油上，有的还要加一点花椒面或者花椒油。

酸辣味的菜品有酸辣猪头肉、酸辣鹅肠、酸辣腰片、凉拌三丝、酸辣粉皮、酸辣蒜花、酸辣马齿苋、鱼腥草拌青笋片等。其中，酸辣鹅肠、酸辣腰片是近几年比较流行的菜，也是近几年来新开发出来的菜品。

下面讲两个菜例。

【鱼腥草拌青笋片】

这是一道普遍的家常小菜。鱼腥草又名折耳根、猪鼻拱，在民间喜欢称为猪屁股。鱼腥草学名蕺菜，多属野生。野生鱼腥草一般在三至六月份上市。现在已经有人工栽培的了。鱼腥草颜色紫红，茎粗壮，质地脆嫩，有一种特殊的风味。鱼腥草可以入药，有清热解毒、利尿消肿的功能。其入馔，多用于凉拌。它可以单独做菜，但一般多配青笋。其成菜脆爽，宜下饭。

这个菜的做法很多，有先用盐来腌过的，有汆过以后再拌的，还有一种做法，一些老师傅将其称作"活捉折耳根"。所谓"活捉"就是不腌不汆，直接加调料拌成。不仅折耳根可以"活捉"，包括青笋片、青笋尖等，都可以"活捉"。

另外，用味上也不尽然一样，有的人吃酸咸味，不要辣椒，就是突出醋、盐或者酱油、味精的风味，有的人吃酸辣味，还有的人在酸辣味的基础上还要加一点糖，使菜微微带一点甜味。正所谓"适口者珍"！

鱼腥草拌青笋片的原料：净莴笋200克，鱼腥草100克，盐4克，醋30克，酱油20克，熟油辣椒35克，辣椒油10克，味精1克。

做法：

第一步，将净莴笋洗干净，切成长约 7 厘米、宽约 2 厘米的薄片。以前，行业内把这种莴笋片称为牛舌莴笋片。所谓牛舌莴笋片，是指其片头呈圆形，有多长片多长，形状像牛的舌头一样。也许有人会说，我把它切成丝行不行？那有啥不行的，各人有各人的爱好嘛，只要不是餐馆做菜，用不着强求，只是鱼腥草的叶杆带片状，把莴笋切成片状更适合而已。用盐 1 克，将莴笋片拌匀。

第二步，鱼腥草要去掉根须和老叶子，淘洗干净，也用 1 克盐拌匀。另取一个碗装上述调料，和匀。

第三步，用冷开水把莴笋片和鱼腥草冲一冲，挤干水分，放入味汁碗中拌匀，菜就做成了。

做这道菜需要说明以下几点：

其一，净莴笋，是指去了莴笋尖和莴笋皮后的净料。莴笋在四川也称为青笋。实际上，它的学名叫莴苣笋或者叫茎用莴苣。

其二，菜里也可以加葱白，将葱白切成马耳朵形，一起拌。

其三，如果你不吃酸辣味，就不要加熟油辣椒和辣椒油，另外，还可以加点姜片、蒜片、马耳朵葱、马耳朵泡辣椒和芝麻油一起拌。

但是，无论是哪种吃法，都离不开醋。很多凉拌菜都要搭点醋，除了可以开胃外，还有杀菌除毒的作用。

【酸辣腰片】

这是用猪腰子和蕨根粉或者叫粉皮合拌而成的菜。猪腰子片成片，烫后质地脆嫩。蕨根粉是用干蕨根粉加淀粉制作而成，市场上有成品供应，泡软后即可食用，质地柔韧带劲。这两样东西配合在一起有相得益彰的效果，一个柔韧带劲，一个脆嫩化渣。

这道菜的原料：大白猪腰 1 个，就是我们说的白腰子，白腰子除了颜色好看外，其质地也比较细嫩。用大约 250 克重的白腰子 1 个，另外，还要用水发蕨根粉 250 克，葱白 20 克，盐 2 克，酱油 20 克，醋 30 克，熟油辣椒 20 克，辣椒油 15 克，味精 1 克，冷汤 250 克。

做法：

去掉大白猪腰子的蒙皮和腰臊，把腰子洗干净，片成大薄片。按照以前做这个菜的规矩，腰子有多大，片子就要片多大，也可以把腰子分成两半，片子稍微片小一点也是可以的。将片好的腰片放入清水中漂一漂，除去部分血水，然后将腰片放入开水中烫至熟而带脆，捞起来沥干水。水发的蕨根粉在拌之前最好放入开水中煮一下，煮过心，但不能煮粑，然后捞起来。如果蕨根粉太长了，可以适当地改短。改了刀的蕨根粉拌一点盐。葱白切成马耳朵。盛具最好用窝盘，因为这个菜有汤，将以上的调料调和均匀，再依次放入蕨根粉、腰片、马耳朵葱，拌匀便成菜了。

做这道菜需要说明以下两点：

其一，腰片和蕨根粉的表面比较光滑，不易巴味，所以要在调料里加冷汤，这种方法已经不是拌，而有点近似于浸渍了。它不同于我们说的糖醋味，糖醋味有糖，可以把调料调得很酽，味汁很容易巴上原料；它也不同于鱼香味，因为作料多，滋汁可以调得很干，也很容易巴上原料。酸辣味的菜不可能达到那种效果，如果按照一般的拌菜做法，很可能就不是那么巴味，所以需采取一个解决办法，那就是加汤，让食材基本上泡在汤中。所以从某种意义上讲，它已经不完全属于凉拌，而是带有点浸渍的味道了。

其二，因为有汤，所以在调料的使用上，特别是在量的掌握上要注意，汤要改味，会使味变淡，如果不考虑汤的因素，对调料用量作相应调整，可能味就不浓厚。

林林总总的香味一族

（菜例：五香卤肉、烟熏排骨、酱胡豆、酥糟排骨）

香味一族中有哪些呢？

第一，五香味。

这是指在咸鲜味的基础上带有浓浓的香味。这种香味来自八角、山奈、草果、丁香等香料。人们习惯将这类香料统称为"五香"，在冷菜中，它多用于卤这种方法，大凡以卤或者香卤冠之菜名的均属此类，如香卤鹌鹑、香卤鸭、五香卤肉、五香牛肉、卤豆筋等。还有用蒸煮方法制作的，如五香花仁、五香鸡，蒸煮所用的香料多为五香粉。

第二，烟香味。

这也是在品味咸鲜味的同时感受到的一种特殊香味。这种香味出自熏料，譬如谷草、茶叶、小茴香、柏枝，等等。其主要用于烹制方法中的熏。熏这种烹制方法，在民间，特别是在农村，是广泛流行使用的一种烹制方法。对熏这种烹制方式，开始人们可能还只是把它当作保存动物性食材的一种简单易行的方法，殊不知，因此而产生了一种风味特殊的食品，譬如腊肉、腊鸡。后来，厨师们学习了这种烹制方法，创制出了许多美味的食品，比如烟熏鸭、烟熏鱼条、烟熏排骨、爆烟肉等。

第三，酱香味。

酱香味是突出甜面酱甜咸兼备、酱香浓郁的一种味型，主要适用于黏裹、腌制等制作方法。菜品有酱桃仁、酱酥花生仁、酱腰果、酱胡豆以及太白酱肉、酱猪蹄肘等。

第四，糟香味。

这里说的糟有两种：一种是香糟，又称酒膏，它是酿黄酒所得的残渣，就是我们说的糟子。它含有10%左右的酒精，酒香浓郁，广泛用于调味，有绍酒的作用。另一种是醪糟，旧时是用糯米蒸或者是煮成饭以后拌以酒曲，放入装有棉絮的箩筐里捂严，使之发酵而成。它具有酒香的特色，味甜而甘美，可以直接食用，像醪糟蛋、醪糟粉子等，也可以用于烹调。以前，在四川民间，自己蒸醪糟的家庭很多，特别是以前家里有"月母子"（产妇），那更是要蒸醪糟。醪糟里浮在面上的米粒俗称"醪糟浮子"。川菜用得多的还是醪糟。

无论是香糟还是醪糟，它与其他原料配合成菜以后均带有淡淡的酒香，所以也可以称为酒香味。以前，直接用酒来调味的也有，像冷菜中的醉鸡、南卤醉虾等，都是直接用白酒来醉。醉，有时还作为一种制作冷菜的方法。因为这种味道是以糟为主，所以我们还是把它定为糟香味。

做这种风味菜的方法有蒸、炸。在蒸、炸以前，都要经过一个腌渍的过程，使之易于入味，也就是说，要给原料码醪糟、码盐和其他一些东西，并放置一定的时间，这就是腌渍的过程。原料码好味后直接蒸的也有。

糟香味的菜品有香糟鹅、香糟排骨、糟醉冬笋、糟醉茭白、醪糟肉、醪糟鸡等等。

【五香卤肉】

这是一道五香味的菜。卤是制作冷菜的一种方法。卤有红卤和白卤之分。红卤，因用了糖色或冰糖渣，所以它的成品色红，味道是咸中略带甜味；白卤，不用糖色，也不加冰糖，味道以咸、鲜、香美为特色。

白卤，主要用于一些颜色偏深的原料，譬如牛肉，或者是成菜要求色彩鲜洁、白净的，譬如鸡、鸭。有的时候，席桌上用的五香鸡、五香鸭，从配色的角度考虑，要求其颜色要白净，就只适宜白卤。如著名的夫妻肺片，用的就是白卤，它用的所有牛杂都是白卤。

红卤也是四川老百姓家常的做菜方法之一，简便，适用范围广。所谓适用范围广，是指有很多东西都可以下卤锅，不仅四季可用，而且冷热可食。

下面介绍红卤。

这道菜的原料：猪肉1千克，冰糖渣75克，葱缩结50克，姜（拍破）50克，酱油100克，化猪油25克，用香料袋装胡椒25克、花椒30粒、山奈10克、八角25克、草果（拍破）3个、肉桂25克，另外还要用绍酒250克，盐15克，汤2 000克，鸡油150克。

为啥要用那么多鸡油呢？因为刚起的卤水没有油气，必须要加一点油进去，卤水才香。

做法：

第一步，最好是用猪的后腿肉，或者用肥瘦肉都有的连皮肉。将猪肉的肉皮刮洗干净，切成两三个大块，先用开水煮一下，除去血腥，然后捞起来，这样做的目的是为了不脏卤水。

第二步，炒锅置旺火上，放猪油烧热，下冰糖渣炒，这个炒是炒糖色的过程。当冰糖被炒熔化、起大泡的时候，也就是行业内说的起"鱼泡眼"时，掺汤，再下姜、葱、盐、酱油、绍酒以及香料袋，待汤烧开以后撇去浮沫，放鸡油再熬，当熬出香味时便成了卤水。

第三步，将猪肉放进卤水锅中，卤水烧开后改用小火，将猪肉卤至肉香、炝软时捞起来。卤肉还是要卤得炝软一点好，特别是带皮的肉。吃的时候才把肉切成片，淋少许卤水，或者是加点酱油、芝麻油拌；如果吃冷的，那就用不着加卤水和酱油了。

做这道菜需要说明以下几点：

其一，炒冰糖不要炒过火了，炒的时间过久了，糖会变得色深味苦。炒到什么程度合适呢？那就是我们前面所讲的，以鼓大泡为标准。

其二，血泡子和浮沫务必要打干净。

其三，用盐一定要谨慎，就是说，卤水熬一阵以后再尝一下味，如果觉得味不够，再加盐不迟，千万不要一次就把盐放够了，因为万一把握不好，盐就会放多，卤水太咸了也不行。

其四，卤水制成了，可以多次使用，一般来说，味是越卤越香，越卤越鲜。每次卤完东西以后，第一要先把姜、葱夹出来，姜、葱在里面容易坏卤水。第二要去掉浮沫、浮油，因为以后再卤东西时还会出油，卤东西油太多了也不好。用后的卤水要烧开，然后静置不动，让它自然晾冷。卤水每次使用以后，要根据口味情况，酌情加调味品，譬如觉得甜味不够了，就要加点糖，觉得香味不够了，就要换香料包，觉得咸味不够了，就要加点盐，总之，味要根据实际情况来做调整。

【烟熏排骨】

这是一道烟香味的菜。烟熏排骨是一款选料精良、工艺考究的菜式。你别看它是不起眼的排骨，但在选料和制作上却非常考究，而且这是经过蒸、卤、炸、熏四道工序才制作而成的菜。其成菜具有肉质松软、酥香、鲜美的特点。

原料：带有肥膘的肋条排骨 1 000 克，葱节 50 克，五香粉 0.5 克，醪糟汁 30 克，花椒 15 粒，姜（拍破）10 克，盐 10 克，绍酒 15 克，卤水 2 000 克，芝麻油 10 克，熟菜油 1 000 克（约耗 100 克）。

做法：

第一步，宰去排骨不整齐的部分，然后以三根肋条为单位划断，再宰成约 12 厘米长的节，放入盆中，下绍酒、盐、五香粉、花椒、姜、葱、醪糟汁，拌匀。排骨盆放入笼中蒸熟取出。卤排骨要卤至肉离骨。四川人吃排骨喜欢肉离骨，一扯肉就掉下来了。排骨卤好了，捞起来晾冷。

第二步，炒锅置旺火上，下熟菜油，烧至三成热时下排骨。这里的炸带有浸炸的味道，不用高油温，是低油温，排骨下去，让油温逐渐升高。这种炸法排骨炸得更香。炸至排骨肉表皮有点酥、略变色时捞起，放入熏炉，用鲜柏枝烟熏排骨两面，至排骨两面有比较浓的烟味时把排骨取出，宰成小块，刷上芝麻油，这个菜就做成了。

做这道菜需要说明以下两点：

其一，熏排骨前，先要让冷烟子散尽，冷烟子不散尽，熏出来的东西不仅不香，而且还带冷烟子臭味。

其二，每一个单元的排骨可以一分为三，不一定要砍成小块。

玩味川菜

【酱胡豆】

这是一个酱香味的菜。酱胡豆也应该说是一道家常菜,成菜后,胡豆酥香,味带咸甜,适宜下酒。

原料:干胡豆 500 克,甜酱 100 克,红糖 100 克,盐 3 克,熟菜油 500 克(约耗 100 克)。

做法:

第一步,用温热水把干胡豆泡涨,用刀将胡豆嘴划破。锅里下熟菜油,烧至八成热左右,分几批将胡豆炸酥,捞起来沥干油。

第二步,锅置中火上,下菜油 25 克烧热,下甜酱炒香,掺水,加红糖、盐,再炒,炒至调料呈浆状时把锅端离火口。将胡豆倒入锅中,用炒铲不停地翻动,直至每颗胡豆都裹上酱。让胡豆自然冷却,然后铲入盘中,这个菜就做成了。

这种烹制方法既不像糖粘,也不像炸收,实际上是一种黏裹,所以炒到一定程度时锅要端离火口,否则食材会越炒越苦。

做这道菜需要说明以下两点:

其一,甜酱如果太干,可以加点芝麻油或者绍酒、白糖、熟菜油,把甜酱调稀调散。

其二,这个菜不同于糖粘,就是黏裹,所以裹料一定要浓稠,清汤寡水的不行,太干了也不行。

【酥糟排骨】

这是一个香糟味的菜,是经过腌、蒸、炸三道程序制作而成。此菜酥香松软,味清淡而富糟香。

原料:排骨 750 克,醪糟汁 40 克,绍酒 20 克,姜(拍破)25 克,葱段 25 克,盐 5 克,白糖 10 克,花椒 20 余粒,芝麻油 15 克,熟菜油 750 克(约耗 100 克)。

做法:

第一步,把排骨洗干净,宰成长约 4 厘米的段,煮去血污,捞起沥干,装入碗内,加盐、醪糟汁、绍酒、花椒、姜、葱、白糖拌匀,腌几分钟。排骨放入笼中蒸,至肉软离骨时取出,捡去姜、葱、花椒,沥干汤汁。

第二步,炒锅置旺火上,熟菜油烧至七成热时炸排骨,炸至排骨呈浅黄色时捞起来，淋芝麻油，簸匀，装盘。这个菜冷吃也可以，热吃也可以。

做这道菜需要说明以下几点：

其一，要选肉较多的肉排骨，排骨有肥膘，吃起来更嫩气一些。

其二，醪糟用汁，不用浮子，否则会影响成菜的感官效果。

其三，炸排骨一定要用旺火，炸之前一定要沥干水汽，以免引起油炸。

川菜的冷菜味型除以上的 12 种外，还有芥末味、麻酱味、甜咸味、茄汁味等。

蕴藏于大众便餐菜中的热菜

上面讲了川菜冷菜中一些常用的味型，下面讲讲热菜的一些常用味型。

在讲热菜的味以前，我想先讲一讲川菜热菜的一些特点。如果从经营的角度来划分，川菜的热菜实际上只有两大类。

第一类是大众便餐菜。

所谓大众便餐菜，指既包括以前行业内分类的，譬如红锅炒菜馆、四六分饭店、豆花小菜饭馆以及豆汤饭馆所经营的一些菜品，也包括大餐厅用于零餐供应的菜品。

大众便餐的消费对象多为来得快、吃得快、走得快的客人。这些客人有点像今天的快餐顾客。他们有一个要求就是"快"，也反映了大众便餐菜的特点。

第一，出菜要迅速，花色品种要多，饭菜要味美可口，价格也要经济实惠。正是因为如此，大众便餐所用的原料均是以蔬菜、笋类、菌类、豆制品以及家禽、家畜和小水产为主。小水产是指河中的鱼虾。大众便餐菜主要是煎、炒、蒸、炖、拌，这几种烹饪方法有一个共同的特点，那就是出菜快。

第二，用味灵活，以下饭为目的。在用味上，大众便餐菜浓淡厚薄兼备，有味浓味厚的菜，也有味淡味薄的菜，但是以味浓味厚者居多，因为吃大众便餐菜的客人是为了下饭，所以他们相对就要求味要浓厚一些。

第三，在分量上，中小份结合，以小份为主。以前的大众便餐菜，

玩味川菜

都要考虑中小份，三五个人吃中份，一两个人吃小份。中小份结合，首先，客人根据自己的食量点菜，避免浪费。其次，客人花同样的钱，选择菜肴的空间更大。大众便餐菜的消费对象是餐饮市场消费的主体。

由此可见，大众便餐菜是川菜中最贴近百姓生活、最富有乡土特色的。现在成都餐饮市场所经营、流行的菜，从严格意义上讲好多应该属于大众便餐菜。

第二类是筵席菜。

筵席菜，主要是指用于筵席的大菜或者是个子菜。所谓大菜，一般是指用高档原料做成的菜，譬如用山珍、野味、海鲜、海产品干货做成的菜。正因为大菜一般是用高档原料做成，所以比较其他菜而言，其相对价格也比较高。大菜在筵席中往往起举足轻重的作用。所谓个子菜，是指其量大、成菜比较大方的菜，对某些菜来讲，它就是整菜。譬如我们通常说的全鸡、全鸭、全鱼，甚至包括全猪（乳猪）。

正因为筵席消费水平比较高，所以客人对它的要求也比较严格，无论是在菜品的安排上，还是在服务的程序上，或者是在用餐的环境上，都与零餐供应有很大的不同。譬如在菜品的安排上，行业内叫制订菜单。筵席菜单有传统筵席和现代筵席之分。传统筵席有固定的格式，多以头菜来定名。譬如头菜是鱼翅，那么这桌菜就叫鱼翅席，头菜是燕窝，这桌菜就叫燕窝席，头菜是海参，那么这桌菜就叫海参席。现代筵席则是按档次来分，如高级筵席、中级筵席、普通筵席。

筵席热菜，又称为大菜，一般是指八菜一汤，或者是七菜二汤。八个菜中，又分"四大柱""四行菜"。

"四大柱"，以成都地区而言，第一个柱子菜指的是头菜。头菜，指能体现筵席档次，能代表筵席名称的那道菜。按档次分，以传统的标准来讲，燕窝席是最高档的席，其次是鱼翅席、海参席，再下来是鲍鱼席。第二个柱子菜指的是鸭菜。鸭菜，就是用鸭子做的菜。鸭菜要求是上全鸭，并且还要上点心。第三个柱子菜指的是鱼菜。鱼菜，即所谓的鱼肴，用鱼做的菜。鱼菜，也是要求用整鱼。第四个柱子菜指的是甜菜。为什么把这四个菜叫"四大柱"呢？就是说，这四个菜像筵席赖以支撑的四个"柱子"一样，四大菜中缺了任何一样菜，别人都会说，你这个筵席"柱子"不全。

所谓"四行菜"，是指穿插在"四个柱子"菜之间上的菜，"行菜"，有穿插的意思，与"四大柱"相比，它所用的材料要宽泛一些。

"四行菜"一般包括：第一，香炸类的菜；第二，烧烩类的菜；第三，二汤，也叫中汤。为什么叫"二汤"呢？因为，一般席桌上都要上两道汤。把"行菜"中的汤称为菜，又有何不可呢？所以，一般又称为八菜一汤。为什么把所上的汤既叫二汤又叫中汤呢？其实这种叫法反映上菜的顺序不同，如果汤是上在第二道菜的后头，那它就称为中汤。第四个行菜是素菜。传统筵席，无论其有多么高的档次，都有一道素菜，只不过做菜的原料可以用比较高档的菌类来做，也可以用刚刚出新的时鲜蔬菜来做，还可以用经过精加工的蔬菜，配以一些比较高档的荤料来做，譬如用火腿、金钩、瑶柱。但不管怎么变，它也是素菜，所以说再高档的席桌都少不了素菜。

最后一个是"座汤"。座汤，押座的汤。座汤，以前都是用盬（gù）子装。座汤与二汤，严格地讲应该有所区别。当然，这也要根据不同季节来决定，譬如在冬天，二汤如果用清汤，那么座汤一般就用奶汤，因为奶汤是指用脂肪和蛋白质焅（chū）成的，喝了身体暖和。如果是在夏天，那么二汤和座汤就都可以上清汤，只是两种汤在风味上有点变化而已。譬如上酸辣味的汤或加酸菜熬制的汤，也可以把它们岔开。座汤也可以上火锅，但是火锅是有取舍的，并不是什么火锅都能上。以前的座汤一般是上菊花锅或者梅花锅，可以应季节，还有就是上生片锅，它们都是以鱼汤或者白汤作为汤料。本身上座汤的目的，就是起一个解腻清口的作用，前头吃了油腻的东西，最后来一个汤，把口清一清。如果再上一个红汤，整个筵席就乱套了，岂不是让客人一腻到底了？！

上面讲的都是以前筵席的内容和要求。

筵席菜一般应该具备以下几个特点：选料比较精良，制作要求精细，讲究用汤，强调烹制火候，味以清鲜为主，成菜注重美观大方，包括传统的一些造型菜，另外还有全鸭、全鱼。

现代筵席至今还没有形成一个固定的格式，各行其是。有的是九菜一汤，十菜一汤，甚至十几个菜加一个汤。

现代筵席虽然沿用了传统筵席八菜一汤的格式，但是在菜品的安排上变化很大。

现代筵席，一二千元一桌的只能算中等水平，几百元一桌只能算普通筵席。

玩味川菜

筵席菜，从热菜的八菜一汤来讲，其味的主体是非常清淡的，以咸鲜味为主，带辣椒的菜很少，甚至是没有。这正遵循了古人的一句话："大味必淡。"此话出自《汉书·扬雄传》。所谓"大味"，是指"味之佳美者也"。就是说，最佳美的味应该是很清淡的。

有人认为，只有筵席才能代表一个菜系的最高水平。这种说法不全面。如果说筵席中的冷菜能够代表川菜最高水平的话，那么川菜热菜的独特魅力应该说是蕴藏于大众便餐菜中。

川菜热菜的调味在筵席中并不能全面反映出来，但是它却能够在大众便餐菜中得到充分的体现。从烹制方法上讲，小煎、小炒、干煸、干烧、家常烧等，是川菜独有的烹制技能，而这些技能也主要是反映在大众便餐菜中。

川菜名师张松云曾对我说："啥子是川菜的特点？川菜的特点就是小煎小炒。"

当时，我对这句话理解很不深刻。随着时间推移，随着对川菜认识的不断深化，我终于明白了他这句话的意思。因为川菜的很多独特味型，譬如我们经常讲的家常味、鱼香味甚至麻辣味等，很多都是通过小煎小炒这种独特技法体现出来的。

咸鲜风味都喜爱

（菜例：熘鱼片、三鲜鱿鱼）

川菜中，咸鲜味的菜肴最多，应用的范围最广，无论是山珍野味、海鲜河鲜、家禽家畜、蔬菽菌笋，都适合咸鲜味。此外，咸鲜还几乎适用于所有的烹制方法，比如爆的、炒的、炸的、烧的、烤的、蒸的、煮的。

那么，川菜的咸鲜味有些什么特点呢？

第一个特点，它根据菜肴的要求来确定主要调料的使用。

具体地说，所谓菜肴的要求，实际上指的是有色与无色。无色的，是用盐，一般要求汁、色和菜要白净，特别是要突出反映菜肴的特点和色泽。如火爆肚头就是用盐，因为肚头是白色的，如果汁也是白色就很好看；再如八宝素烩，几种颜色的蔬菜摆在盘子中，挂白汁，看起来就很醒目。有色的，是用酱油来提色，甚至有的还要加一定量的糖色。如以前做的色红一类的菜，主要针对原料自身颜色比较深的菜品。譬如海参，它本身颜色就比较深，如果挂白汁，反而颜色很不好看，加点色，给人的感官效果倒还要舒服一些。对厨师来讲，这是基本要求。咸鲜味菜品中，哪些该搭色，哪些又不该搭色，为啥子要搭色，为啥子又不能搭色，对这些问题，作为厨师都应该清楚。

第二个特点，运用四川的特殊材料，在咸鲜味的基础上给予成菜新的风味。

举几个例子，譬如四川的榨菜、芽菜、冬菜、大头菜，这几个菜是以前四川所谓的"四大菜"。凡运用这几样特殊材料制作出的菜肴，实际上都是以咸鲜味为主。但是，用榨菜有榨菜的风味，用芽菜和冬菜，风味又不一样。像干煸、干烧的一些菜品，为啥要加芽菜，其实就是为增加一种新的风味。像咸烧白、冬菜腰片汤用冬菜，其实，就是为了取冬菜的那个味道，虽然它们也是咸鲜味，但又与一般的咸鲜味不一样。也就是说，在咸鲜味的基础上，充分利用四川的一些特产来给予菜品一种新的风味，这是川菜的一个创新。

第三个特点，重视小料子（小宾俏）的使用。

所谓小料子，就是我们通常说的姜、葱、蒜，甚至包括泡辣椒。在咸鲜味的菜品中，小料子的使用必不可少。炒菜离不了它，烧菜甚至余煮的菜也离不了它。小料子除了有除异、增香增鲜的作用，还有辅助清淡风味菜品的作用。譬如，一些味比较清淡的菜品，其原料又带有腥膻气味，那么，它们就要靠小料子来帮助其体现清淡的风味。譬如炒肉片，要搭一点姜、蒜片子，搭一点葱；烩菜，要搭葱油，都是为了这个目的。

第四个特点，在具体的操作中，为了保证主、辅料味的统一，一些材料要经过给味的处理。

譬如，一些根茎类的材料切好以后，要码点味，像莴笋丝、芹菜这一类的材料就要码点味。码味的目的，就是给其一个基本味。做咸鲜味的菜品，一般要经过给味的处理，以达到味的统一，达到主、辅料味的统一。有少数咸鲜味的菜，为了照顾家庭做菜的习惯，譬如，加几滴醋，甚至还要加一点花椒面。加醋有一个要求，凡是本身颜色比较深的菜，起锅的时候可以搭几滴醋进去，这样可以起增香增鲜的作用，但并不是说醋要放很多，非要吃到很浓的醋味。举一个例子，炒芹黄肉丝，如果是吃咸鲜味，搭点醋进去就好吃得多。特别是炒韭黄肉丝，搭醋和不搭醋，味道完全是两回事。还有炒莴笋肉片，也可以搭点醋。但要注意，

玩味川菜

这些菜放醋不能放多了，如果醋味很浓，反而画蛇添足。

咸鲜味，一般是要求淡而不咸、咸中有鲜，总的来说，它应该以清淡为主，所以在具体操作时，应该坚持宁淡勿咸的原则。这也符合当今提倡低盐饮食的要求。另外，做菜时还要注意，不要过早地用盐，就是说在烧菜的时候，盐不能放得过早，不要先就把盐放够了，万一咸了怎么办？有人说，盐用迟了，烧出来的东西没味。烧菜，实际上好多味都是在汤里，特别是有一些原料吸附力要好一些，如果非让味渗透进原料里的话，可能主料的味差不多了，辅料的味就大了。

举一个例子，香菇烧鸡或香菇烧肉，如果盐放早了，香菇吃起来就会觉得味大、味咸，而鸡或者肉的味道却差不多。为什么呢？因为香菇的吸附力强，盐放早了，就会大量被吸进香菇里。

咸鲜味的调料构成主要是盐或者是酱油，另外，还有绍酒、醪糟、味精，有的还要加点胡椒，搭点醋。咸鲜味的调味品本身并不复杂，没有几样，或者是盐，或者是酱油，或者是盐和酱油都用。有的动物性原料之所以要加点绍酒、醪糟，是为了除异增香；加点味精，是起增鲜的作用。

再举一个例子，譬如白油炒肉片，它的大宾俏就是莴笋片，它的小宾俏就是姜片、蒜片、马耳朵葱和马耳朵泡辣椒。如果是烧菜，用姜、葱就更多。

咸鲜味的菜列举两个。

【熘鱼片】

熘，是烹制方法中的一种，一般是把爆、熘、炒归纳到一起。与炒相比，熘用的火力略小，油温较低，行业内一般称为"热锅温油"。熘，以前多用化猪油，主要是为了使主料成菜以后色泽洁白。现在用色拉油也可以达到这个效果，因为色拉油已进行过脱色处理。用熘烹制的菜肴一般都具有滑嫩的特点，因此，多适用于动物类原料制作的菜品。在植物性的原材料中，除了炸、熘的菜以外，用熘的方法制作的菜不多。

制作这类菜肴的关键是掌握好油温，而且用油量比炒的用油量要大。炒菜，要求一锅成菜，一次把油用准，但是，熘的菜，如果用油少了就熘不起来，因此相对而言，熘的用油量就要大一些。以前用化猪油的时候，油温高低好掌握，现在用色拉油，油温升高了，连烟都看不见，让人很难掌握油的温度。对这种情况，以前是靠感观鉴定，除眼睛看以外，主要是用手掌来感应，在离油面一定的距离，用手掌去感受油温的高低。用于熘的油温，一般手都可以下去，由此可见，所用的油温确实比较低。行业内一般是用几成热油温来表示油的温度的高低。爆，油温一般要求用七八成热；炒，油温一般是用六成热；熘，油温一般是用三四成热。

原料：选约重 750 克的草鱼 1 尾，熟冬笋 75 克，番茄（大的半个，小的 1 个），蒜片、姜片、马耳朵葱各 15 克，鸡蛋清 1 个，干豆粉 30 克，盐 3 克，味精 1 克，胡椒面 1 克，绍酒 15 克，水豆粉 20 克，化猪油 500 克（大约耗 75 克），汤 75 克。

切配：

第一步，将熟冬笋切成薄片，番茄用开水烫过去皮，切成 4 瓣，去籽、去瓤，再片成片；蛋清加干豆粉，调成蛋清豆粉。

第二步，草鱼整治干净以后，去头尾、去刺、去皮，将净肉片片成 0.4 厘米厚、宽约 6 厘米的片，这个片一般都是斜刀片，用不着把鱼分成块再来切片。鱼片装入碗中，加盐 2.5 克，绍酒 10 克，蛋清豆粉，将其拌匀。

第三步，另取一个碗，放盐 0.5 克、胡椒面、味精、绍酒 5 克、水豆粉、汤，调成滋汁。

烹制：

炒锅置旺火上，放化猪油烧至三四成热油温，将鱼片入锅，轻轻滑散，然后将鱼片捞起来。锅中留油 25 克，这时要让油温略高一点，大约是五成热的油温，下冬笋、姜、葱、蒜、番茄，炒熟。再下鱼片，烹滋汁，合炒几下，汁一收浓菜便起锅。有的人做这个菜，烹滋汁以后，鱼片才下锅，裹两下就起锅了。做这个菜，到最后的烹滋汁阶段，要求成菜迅速，绝对不能慢手慢脚地做，因为鱼片在低温中已经滑好了，烹滋汁时，油温已经比较高了，这时鱼片在锅中久了很容易烂。

成菜特点：颜色美观，鱼肉细嫩爽滑，香鲜味美。

做这道菜需要说明以下几点：

其一，如果是用乌鱼做这个菜，那么鱼片可以片薄一点，因为乌鱼肉质比较紧密。用草鱼做这个菜，鱼片就不能片得太薄，否则，鱼片容易破烂。这个菜不是显刀工的菜，鱼片不是非要片薄不可，片得越薄越容易烂。

其二，有的师傅在码蛋清芡粉前，还要先用水豆粉码一下，这样做的目的是为了增加原料的水分，保持它的细嫩，不过鱼本身的水分就比

玩味川菜

较足。

其三，番茄在这个菜里主要起增色的作用，所以不能过多。如果是以番茄为辅料，那这个菜就变了，应该叫番茄熘鱼片，番茄在菜里就不仅是起增色的作用了，而是能明显地吃到番茄的味道了。

其四，按照这种做法，还可以做熘鸡丝、熘鸡片、熘大虾片等。

其五，配料可以根据情况来掌握。譬如，可以配冬笋，有的是加点丝瓜皮，没有冬笋就片点冬菇。如果用香菇，最好是把色深的那一部分去掉，只用中间灰白的那一部分。也有的是用点菜心。这些东西不能用得太多，只能用其中的一样。总之，要根据具体情况来使用上述配料。

【三鲜鱿鱼】

三鲜，主要指三种鲜味较重的辅料，其可以根据菜品的档次和要求来定。譬如，三鲜中就有海三鲜，海三鲜一般是指海参、鱼肚、鱿鱼。制办高档一点的豆腐席，用豆腐做头菜，可能要上三鲜豆腐，这个三鲜就可以上海三鲜。也有荤三鲜，就是我们通常说的心、舌、肚。还有素三鲜，譬如菌、菇、笋，就可以拿来做素三鲜。还有荤素兼备的三鲜，有荤有素。传统的三鲜主要指的是熟鸡片、火腿片、冬笋片，这三样东西具有鲜香味。

三鲜鱿鱼的主要原料是水发鱿鱼。所谓水发鱿鱼，就是经过碱发以后，再用水来浸泡的干鱿鱼。

三鲜鱿鱼的原料：水发鱿鱼500克，熟鸡肉100克，水发冬菇（干冬菇用水浸泡而成）100克，罐头冬笋100克，大白菜心150克，姜片、葱段各25克，盐5克，绍酒15克，胡椒面1.5克，味精1克，水豆粉75克，化猪油50克，汤400克。

切配：

将水发鱿鱼用开水透几次，去掉碱味。用开水浸泡以去掉鱿鱼碱味的做法，行业内称为"过几道"或者叫"透几道"。将熟鸡肉片成薄片，水发冬菇和罐头冬笋也片成薄片，把白菜心淘洗干净，切开。

烹制：

第一步，将炒锅置旺火上，下化猪油，炒姜、葱后加汤熬制出香味，然后把姜、葱捡起来。这个过程，就是我们说的"打葱油"。然后下鸡肉片、冬菇片、冬笋片、大白菜心，当这几样东西都烧熟了以后捞起来沥干，装入大窝盘作底子用。

第二步，锅里下水豆粉，收成芡后下味精、化猪油 15 克、盐和匀。这里用油的目的是增加色泽、亮度。如果有鸡油，也可以用鸡油。把鱿鱼倒下去，加入绍酒、胡椒面，烧大约 1 分钟。起锅时，先把鱿鱼盖到菜的面上，然后淋入滋汁，菜便做成了。

这个菜的风味特点是素雅、光洁、香鲜、柔嫩。

做这道菜需要说明以下几点：

其一，如果是用干鱿鱼，那必须先进行碱发。碱发的方法是：先用温水把干鱿鱼泡软，取出鱼骨和头、须，抠去眼睛，然后将鱿鱼切成约 6 厘米见方的块，放入盆中，用食用碱将其拌匀，置放 12 小时以上，然后用开水浸泡，使干碱变成碱溶液。其实，这个时候干碱已经溶化了，因为鱿鱼已经用温开水泡过，拌入干碱，自然便化了。经过鲜开水浸泡，当看见鱿鱼已经发胀，这时把碱溶液倒掉，再用鲜开水如法泡洗几次，泡过的水都倒掉，一直到鱿鱼身上的碱味去干净为止。

其二，姜、葱下锅以后，一定要熬出香味。有的人做这个菜，姜、葱下去没一会儿便捡了起来，姜、葱的香味根本没有熬出来。

其三，芡不能扯得太干，要扯清芡。芡扯得太干了，巴不匀也巴不稳原料，要是这样，菜的风味就显现不出来。

其四，鱿鱼在锅里不能烧得太久，时间长了会缩筋，还会起丝，从而影响成菜的美观。

其五，按此法还可以制作三鲜鱼肚、三鲜鲍鱼等。

于麻辣中品味出鲜香

（菜例：麻辣肉片、麻辣鳝丝）

麻辣味是川菜最富刺激性的一种味型。在一些餐馆的菜牌上，凡是麻辣味的菜都要专门画上星，画三颗星表示特辣；画两颗星表示中辣；画一颗星表示微辣。

辣椒提味，富刺激性，不仅能增进食欲，而且有益于身体健康。但是，过多地吃辣椒，对肠胃有较强烈的刺激作用，特别是过多地吃辣性强的辣椒，容易伤害肠胃。

传统麻辣味川菜的代表菜，一个是麻婆豆腐，一个是水煮牛肉。这两个菜也是过去大家公认的川菜中最麻辣的菜。不光四川，现在许多外地人也喜欢它们。

麻辣味的调料主要有郫县豆瓣、花椒面、盐或者酱油、味精，也有的要加刀口辣椒。譬如水煮肉片，就要用刀口辣椒。小料子主要是姜、葱、蒜，这也是麻辣味离不开的东西，也有人嫌麻辣味重，要适量加点糖缓解辣味。

麻辣味的风味特点是麻辣味厚，醇浓味香。它主要适宜炒、烧、干煸、氽、煮这一类的菜。

麻辣味的菜有麻辣肉片、麻辣豆腐、凉粉鲢鱼、干煸鳝鱼、干煸牛肉丝、小笼牛肉等，另外还包括水煮系列。

这里举两个麻辣味的菜例，一个是麻辣肉片，一个是麻辣鳝丝。

【麻辣肉片】

以前，麻辣肉片主要是流行于原成都温江地区（现成都市温江区）。麻辣肉片实质上是以熘法成菜。麻辣肉片还有一个特点，它所用的花椒不是我们习惯用的花椒面，而是把生花椒捣细了，这样麻味更浓。在川菜中这种做法很少见。

原料：猪里脊肉 250 克，鲜菜心 100 克，蛋清豆粉 50 克，姜米 25 克，花椒 15 克，熟芝麻粉 10 克，味精 1 克，辣椒油 15 克，酱油 15 克，郫县豆瓣 30 克，白糖 1 克，盐 1 克，水豆粉 75 克，芝麻油 1 克，汤 50 克，菜油 400 克（大约耗 100 克）。

切配：

第一步，将猪里脊肉切成长约 6 厘米、厚约 0.3 厘米的片，但也不是太绝对，肉片厚薄只要合适就行了。将肉片装入碗中，加 0.5 克盐和蛋清豆粉，拌匀。

第二步，把豆瓣剁细，花椒铡细，菜心洗干净。

第三步，取一个碗放入酱油、白糖、姜米、味精、水豆粉、汤，对成滋汁。

烹制：

第一步，炒锅置旺火上，下菜油 25 克，烧至六成热时，下 0.5 克盐，将鲜菜心倒入锅中煸熟，铲起来装入盘中垫底用。

第二步，将剩下的 375 克油倒入锅内，烧至四成热时放肉片下去滑散；把油滗去，将肉片拨至锅边，下花椒、郫县豆瓣炒到油呈红色时，把肉片推入锅中心炒匀，烹入滋汁，再加辣椒油、芝麻油，簸匀后起锅，把肉片盖到菜心上，撒入芝麻粉增香，这道菜便做好了。

这道菜的风味特点是色泽红亮，鲜嫩适口，麻辣味浓。

做这道菜需要说明以下两点：

其一，肉片滑散以后，也可以先铲起来，不要让原料在锅里停留的时间长了，待滋汁收浓以后再把肉片倒下锅裹匀。这种烹制方法旨在保证肉的细嫩，不要让肉片待在锅里的时间久了。

其二，成菜要做到统汁统味，用油要适量，如果滋汁舀起来清汤寡水的，那怎么盖到菜上呢？

【麻辣鳝丝】

麻辣鳝丝又叫干煸鳝丝。这道菜与干煸肉丝、干煸鱿鱼丝虽然都同为一种烹制方法烹制，但是因原料的属性不同，在制作上，特别是在原料、用味上有所区别。由于鳝鱼腥味较重，故用味宜厚，并配以较多的芳香原料，以利除异增香，从而使成菜达到滋味鲜美、芳香浓郁的目的。干煸肉丝不搭豆瓣，干煸鱿鱼丝也不搭豆瓣，就吃咸鲜味，而干煸鳝鱼丝因为腥味重，要搭豆瓣。

麻辣鳝丝的原料：鳝鱼片500克，大蒜40克，姜25克，葱25克，郫县豆瓣40克，芹菜200克，酱油15克，醪糟汁30克，花椒面1.5克，菜油100克，醋1克，味精1克，盐1克。

切配：

第一步，选肚黄肉厚的大鳝鱼片，斜切成长约6厘米、宽约0.7厘米的丝。有些人是将鳝鱼片先切成段，然后再切成丝，这种切法比较费工。

第二步，将芹菜的根、叶、筋去掉，洗干净，切成4厘米长的节。

第三步，把姜、葱、大蒜均匀地切成细丝，郫县豆瓣剁细。

烹制：

炒锅置旺火上，油烧至七成热时下鳝鱼丝煸炒，同时下盐和醪糟汁，不断地用锅铲翻动煸炒。因为鳝鱼丝起涎，不用锅铲连续翻动，或者是烹制时动作慢鳝鱼丝会黏锅，煸炒的时间大约是5分钟，以煸干水汽、鳝鱼丝开始吐油为度，煸炒的时间过短过长都不好。将鳝鱼丝拨至锅边，在锅心里下豆瓣，炒出红色时，下姜、蒜、酱油，再炒几下。加芹菜、葱丝，烹入醋，加味精搅匀，起锅装盘。装盘以后，撒花椒面，这道菜便制作完成了。

这道菜的成菜特点是麻辣干香，鲜美可口。麻辣鳝丝适宜下酒，是佐酒的佳肴。

做这道菜需要说明以下几点：

其一，凡干煸的菜式一般都要求用油适量，适量的程度是，当菜赶入盘中时不见油溢出，如满盘子都是溢出的油，那肯定是油用多了。

其二，如果想节省烹制时间，那么在烹制前可以将鳝鱼丝先在油中略炸一下，然后再煸，油炸过的鳝鱼丝再煸，熟得快。

其三，这道菜还可以加蒜苗，将蒜苗也切成丝，一起炒。加蒜苗是因为鳝鱼腥味重，配芳香味比较重的配料，腥味就被压住了。

不能忘怀的家常味

（菜例：魔芋烧鸭条、辣子鱼、醋熘鸡）

家常味是川菜最有代表性的味型之一，是人们最喜欢的一种风味，这种风味最富有乡土特色，是最贴近老百姓生活的菜肴。

对家常味，需要强调几点：

第一点，家常味有狭义和广义之分。所谓狭义的家常味，是指以突出豆瓣，特别是郫县豆瓣咸鲜带辣的风味特色。所谓广义的家常味，是指在狭义家常味的基础上，酌加泡菜、泡辣椒等调配料，成菜具有咸酸中有辣、鲜香醇厚的特点。

第二点，家常味的调制融和了家庭做菜的一些特点，比较灵活和随意。

第三点，川菜家常味的烹制方法以炒菜和烧菜居多。这两种烹制方法也是一般家庭最爱用的烹制方法。

在讲家常味型的同时，我把另外两种风味也一起讲讲。这两种风味，一种是所谓的酸咸味，一种是泡椒味。

酸咸味，主要突出四川泡菜的特殊风味。泡菜，在四川可以说是家家会做，人人爱吃，它不仅是下饭、清口的一种家庭小菜，而且还广泛地运用于菜肴的制作中，多以烧烩为主。酸咸味选用的是所谓的陈年泡菜，也就是人们常称的老泡菜、隔年泡菜。人们又习惯把陈年泡菜称为酸菜。在具体烹制菜的过程当中，一般是先用泡菜叶子经熬煮，尽取其味，再酌加盐、胡椒、味精等作料。酸咸味成菜的风味特色是酸咸爽口。

而泡椒味是当前比较流行的一种味型。这种味型是以泡辣椒为主要调料做的菜，它与家常味的调料构成又不尽相同。家常味用的是豆瓣，泡椒味用的是泡辣椒。根据泡椒味的风味特点，完全可以把它归入家常味中。虽然目前泡椒味已经自成系列，但是从本质特征上讲，还是应该将其列入家常味。鉴于它们的调料构成各不相同，下面通过几个菜例来加以说明。

【魔芋烧鸭条】

魔芋的学名叫蒟蒻，又称鬼芋。其块茎可以入药，也可以入馔。据《开宝·本草》载："蒟蒻捣碎，以灰质（石灰质）煮成，五味调和为茹食，主消渴。"消渴者，糖尿病也。按照这种说法，魔芋可以治糖尿病。魔芋，四川人称为"黑豆腐"，这大概是因为它形似豆腐状而颜色又有点灰黑的原因吧。四川农村烹制魔芋，多配以泡青菜、泡辣椒、泡子姜等同烧成菜，颇有风味。魔芋烧鸭条即是在此基础上发展而来。

原料：水盆鸭1只（约重750克），水魔芋1 000克，盐2克，蒜苗50克，酱油30克，味精1.5克，胡椒面1克，郫县豆瓣75克，花椒20余粒，水豆粉100克，菜油100克，汤1 200克。

切配：

第一步，将魔芋切成长约6厘米、粗约1.2厘米的条，用开水煮两次，去除涩味，再用温水泡起待用。

第二步，将鸭子洗干净，去头、颈、翅、掌，用刀削下净鸭肉，切成类似魔芋大小的条；将蒜苗切成约3.5厘米长的节；把郫县豆瓣剁细。

烹制：

第一步，炒锅置旺火上，放菜油烧热，倒入鸭条，煸干水汽后铲起来。

第二步，待锅内余油烧热以后，放郫县豆瓣、花椒下锅，炒出香味，掺汤；汤烧开后熬几分钟，捞去汤内的豆瓣渣，将鸭条放入，同时加盐、酱油，用盖子将锅盖好，用小火㸆起。

第三步，当鸭条㸆至七成㸆时，加入沥干水分的魔芋。成都产的魔芋水分重，余两道的目的是为了让魔芋吐出一部分水来，这样烧出来的魔芋吃起来才有嚼劲。同时加胡椒面，再烧，一直烧到菜㸆汁少的时候下蒜苗，和匀。蒜苗一熟即下水豆粉，勾芡起锅，这个菜便做成了。

这道菜的风味特色是色泽红亮，咸鲜香辣，魔芋吃起来柔滑有力，鸭肉吃起来细嫩入味。

做这道菜需要说明以下几点：

其一，魔芋改条以后，也可以用一个小布袋，袋内装一点花茶，将其和魔芋一起放入开水锅里汆两次。为什么要用茶叶和魔芋一起汆煮呢？因为茶叶的吸味能力很强，可以把魔芋中含有的涩味吸入茶叶中。

其二，鸭子也可以在出了水以后再改刀。所谓出水，就是把鸭子放进锅里煮一下，煮过的鸭子成形好，生烧的鸭子要缩筋，因此成形不好。鸭子煮过以后，连骨带肉砍成条。

其三，如果是加泡菜、泡姜，菜的风味会有一些变化。

其四，掺汤以后，一定要熬够一定的时间才捞出渣，要尽量取出豆瓣的辣味。有些厨师做这个菜，汤一开便捞出渣，豆瓣的辣味都没有取出来，所以他们做的菜放再多的豆瓣下去都没有辣味。

其五，家庭做这个菜用不着勾芡粉，因为经过较长时间的烧制，应该说鸭肉入味是没有多大的问题了，无非是魔芋的味稍微淡一点，水魔芋不好进味，加水豆粉无非是为了解决魔芋味的问题。

其六，如果如法改用鸡条烧，那就是魔芋烧鸡；不加荤料也可以，那就是我们说的素烧魔芋。家庭做素烧魔芋，有的是改成片。

【辣子鱼】

辣子鱼是一款有较长历史的传统菜。它与辣子鸡一样，也是以突出鱼辣子即泡红辣椒风味为特色的菜式。与鱼香味相比，辣子鱼有自身的特点。譬如，辣子鱼加了猪肉末，而豆瓣鱼就不加猪肉末，辣子鱼用了猪肉末又不加醋，用了姜又不用蒜，另外，它增加了胡椒面、芝麻油。从烹制方法上看，辣子鱼实际上是干烧，但是，它与干烧的腺子鲫鱼在用料上又不尽一致，所以说辣子鱼与干烧腺子鲫鱼有异曲同工之妙。

辣子鱼的原料：鲜鱼 1 尾（重约 600 克），猪肉末 100 克，泡红辣椒茸 50 克，姜米、葱花各 25 克，盐 2.5 克，酱油 20 克，白糖 15 克，绍酒 50 克，味精 1 克，胡椒 1 克，芝麻油 15 克，菜油 100 克，汤 750 克。

切配：

鲜鱼剖腹，去掉内脏、鳃、鱼鳞，清洗干净，在鱼身的两面各轻划 5

刀，用 25 克绍酒、1.5 克盐抹匀，腌几分钟。

烹制：

第一步，炒锅置旺火上，下菜油烧至七成热，下鱼煎至两面微黄。煎鱼前，用干毛巾轻揾去鱼面的水分，以避免鱼下锅时炸油。鱼两面煎黄后拨至锅边，让鱼既受热，又不至承受太大的热力。

第二步，下猪肉末炒酥，再下姜米、泡红辣椒茸炒香；下绍酒 25 克、盐 1 克及白糖、酱油，炒匀后掺汤，将鱼推入锅中同烧；汤烧开后，用中火慢烧；汤汁烧至减半时，将鱼翻面再烧，一直烧到汁干亮油时，下芝麻油、味精、胡椒、葱花，起锅装盘即成。

辣子鱼的风味特点是色红亮，味鲜浓，鱼肉细嫩。

做这道菜需要说明以下两点：

其一，糖在菜中只起和味的作用，不能吃出甜味。

其二，要掌握好火力。在烧鱼的过程中，可以用炒瓢舀滋汁浇淋在鱼身上，这样可以缩短成菜的时间。有的人做豆瓣鱼，汤汁都把鱼淹住了，要把汁收浓，那要多少时间哦！汤多了，火力大就成了煮鱼，火力小，烹制时间又必然长，如果滋汁用一半倒一半，味又可能不够。辣子鱼也是干烧，但它在用料上又与干烧鱼有很大不同，干烧鱼也要加泡辣椒，不过它用的泡辣椒是长段，还要加葱段和芽菜。辣子鱼主要是咸鲜味，它也需放一点糖，是起和味的作用。从方法上讲，辣子鱼与干烧鱼相近；从用料上讲，辣子鱼与豆瓣鱼有一些相近的地方，所以我把这两个菜分别作了比较，实际上，辣子鱼就是突出鱼辣子的味道。

【醋熘鸡】

醋熘鸡是重庆市的一道名菜。醋熘鸡有两种做法，区别就在于泡辣椒的使用上。重庆的做法是把泡辣椒剁细了用。下面介绍成都醋熘鸡的做法。

原料：净鸡肉 400 克，慈姑 100 克，泡辣椒 3 根，葱白 30 克，姜、蒜各 15 克，盐 2.5 克，酱油 10 克，醋 15 克，绍酒 20 克，水豆粉 125 克，混合油 75 克，汤 50 克。

切配：

第一步，慈姑去皮，切成约 1.2 厘米见方的丁，姜、蒜切成片，葱白切颗，泡辣椒去籽后切成大约 1.6 厘米长的段。

第二步，净鸡肉洗干净，切成约 1.2 厘米大小的丁，装入碗中，加盐

1.5 克、姜片、绍酒、水豆粉 110 克拌匀；另外用一个碗，放盐、酱油及绍酒 5 克、醋、水豆粉 15 克，掺汤，对成滋汁。

烹制：炒锅置旺火上，油烧至六成热时下鸡丁炒散；加慈姑丁、泡椒、葱白、蒜片炒匀；烹滋汁，汁一收浓就起锅装盘。

醋熘鸡的风味特点是细嫩爽滑，味咸鲜而富浓郁的醋香。

做这道菜需要说明以下几点：

其一，配料也可以用青笋。把青笋切成梳子背，也就是小滚刀块，用少量的盐码一下。

其二，也可以加少量的白糖和味。

其三，起锅前可以搭一点芝麻油，搭芝麻油的目的是增加一点香味。

这个菜突出的是醋香，既然叫醋熘鸡，那么醋就应该是主要的调料。

诱人的鱼香味

（菜例：鱼香脆滑肉、鱼香茄饼）

鱼香味由四川人首创，是川菜独有的一种味型。川菜的鱼香味是闻鱼香而不见鱼，这似乎很难理解。但是，如果先品尝了川菜厨师所烹制的豆瓣鱼、鱼香大虾这类菜式之后，再来品尝鱼香油菜薹、鱼香八块鸡后，就会体会到这一风味的绝妙之处。

鱼香味的风味特点是：咸、辣、酸、甜四味兼备，姜、葱、蒜香味浓郁。

这里的辣，有泡辣椒的辣，也有姜、葱、蒜的辣。姜、葱、蒜均属辛香型的调味品，有解腥臭、除异味、增香提味的作用，用于菜中，能够使成菜香气四溢，浓郁诱人，味道鲜美，增强人的食欲的功能，同时还有杀菌消毒的功效。特别是海鲜、河鲜、肉类、动物内脏以及野味这一类的原料，均有腥、膻、臊的异味，调味时，用姜、葱、蒜解之，除异增香的效果尤为明显，它可以使成菜更加香醇鲜美。这就是为什么我们在烹制荤菜时必须用姜、葱、蒜的原因。

厨师在烹制鱼香味的菜肴时，除了泡辣椒茸以外，还要用姜、蒜米子和葱花。为什么泡辣椒和姜、葱、蒜要剁茸铡细呢？剁茸铡细是为了尽取其味，同时也是为了姜、葱的挥发香味易于溢出。姜、蒜片子的香味外溢面相对要窄一些，姜、蒜米子的香味外溢面则相对要宽一些。

据一些老师傅讲，他们在烹制鱼香味的时候，很注意蒜米与姜米的使用比例，一般来讲，他们采用的是2：1的比例，即：用2份蒜，1份姜。他们通过实践认识到蒜的作用是去鱼腥味，因此才有大蒜鲢鱼、大蒜鳝鱼、大蒜团鱼这一类菜。也就是说，这一类菜都是以大蒜为主。另外，姜、葱的作用是去除血腥味，所以在烹制肉类菜肴时他们多用姜、葱。

另外，我还观察到，老师傅们在具体的操作中还有一些不为外人所知的诀窍。譬如烹鱼以及加热时间长的一些菜，下姜、蒜米子，他们是分两次下。第一次，是和泡辣椒一起煵炒的时候下，大约下1/3的姜、蒜米子；第二次，是在烧制过程中再下剩下的2/3的姜、蒜米子。老师傅们的解释是，如果姜、蒜米子一次下，东西多了，火一大，姜、蒜米子很容易炒干、炒煳，特别是姜米子，因为姜的水分不是很重。姜、蒜米子炒干炒煳了会影响菜的风味，所以，他们坚持主张烹鱼和做加热时间比较长的菜，姜、蒜米子一定要分两次下。至于葱花，那是最后才下。这是烹制烧菜的做法。如果是做炒菜，老师傅们一般都是把姜、蒜米子和葱花放在滋汁碗里浸片刻后方才使用。滋汁碗中有盐、酱油、汤，通过浸泡，滋汁中的这些东西可以把姜、蒜米子和葱花里的味追出来，让其味融于滋汁中，而且通过浸泡，它们还可以吸收一部分水分，当下锅炒的时候，姜、蒜米子就不容易被炒煳了。这些经验很值得我们认真借鉴。

鱼香味型主要是用于炒、烧、炸、熘一类烹制方法，在具体的操作中又应有所不同。譬如说，使用炒这种烹制方法就必须严格掌握油的用量，油用多了，汁不巴菜，而油用少了，菜又没有光泽。以鱼香肉丝为例，成菜烹汁后装盘，应该是几乎看不见油溢出，放一会儿后才能见到菜吐出少量的油来，这就是行业内称的亮油一线。其实，川菜中的炒菜都有统汁统味、亮油一线的要求，只不过对鱼香味的炒菜尤其严格。因为，鱼香味菜肴不仅要求统味，而且还要求姜米、蒜米、葱花几乎都要附在肉丝上，这样菜吃起来才有浓烈的辛香味。如果油用多了，这些作料就会滑入盘底，使成菜效果受到影响，达不到统汁统味的要求。

鱼香味型以用于炸熘菜的效果为最佳。因为，炸熘菜的原料经过炸以后，表面粗糙，又比较干燥，最容易吸收水分和巴味。

如果把鱼香味型用于烧菜，那么在煵炒泡椒茸的同时要酌加姜、蒜米子，所用火力不宜过大，以免把姜米子炒干、炒煳了，而且多数的姜、蒜米子要放于汤汁中，与主料同烧。由此可见鱼香味尽管都是用一

玩味川菜

样的材料，但是炒菜、烧菜和炸熘的菜，三者对姜、葱、蒜的使用，其方法却是各不相同的。

很早以前，我听说过一个关于古老鱼香肉片的做法，是成都餐厅张守勋师傅讲的。

他告诉我说："按古老的鱼香肉片的做法，所用的姜、葱、蒜米子不仅要放入滋汁中浸泡，连所用的泡辣椒茸也要放到滋汁中浸泡，在肉片炒散以后才将其烹入，然后收汁起锅。也就是说，做古老的鱼香肉片，它的泡辣椒茸不是炒，而是连同姜、蒜米子直接烹下去。"这种做法，因为泡辣椒直接受热的时间较短，其风味就更能得到保存和体现。但是这种做法也有一个缺点，那就是成菜的油色不理想，因为它没有经过煵炒，油色出不来。

我认为鱼香系列菜还有很大的发展空间。理由是，这种风味不仅为国人所广泛接受，还受到外国人的普遍喜爱，特别是炸熘菜更为受宠。炸熘的鱼香味菜肴，第一，它用香炸的方法，外国人都喜欢吃。第二，因为鱼香味中带有一定程度的酸甜味，而酸甜味又特别为外国人所喜爱。如果我们烹制鱼香味菜时，再结合西餐的烹制方法和新的烹饪原料，就一定能够创出更多的鱼香味菜肴。菜品多了，风味适应消费者的面就更宽，自然而然川菜的市场也就更大了。

鱼香味的调料：盐、酱油、醋、白糖、泡红辣椒、味精、姜、葱、蒜。在这里，我为什么没有把姜、葱、蒜列为小料子呢？因为在鱼香味中，姜、葱、蒜已经不是担当小料子的功能了，它们在菜中实际起到了体现风味的作用，如果没有姜、葱、蒜，那它就不成其为鱼香味了。

鱼香味菜有鱼香肉丝、鱼香肝片、鱼香大虾、鱼香龙虾、鱼香鲜贝、鱼香八块鸡、鱼香酥皮鸡、鱼香粉条鸭、鱼香鸭丁、鱼香油菜薹、鱼香茄饼、鱼香茄条、鱼香鹅黄肉、鱼香扳指，还有鱼香豆腐饺、豆瓣鱼，等等。

具体菜例我举两个，一个是鱼香脆滑肉，一个是鱼香茄饼。

【鱼香脆滑肉】

这道菜是利用边角余料做成的，它的原料成形也无一定的规范，或者是切成不规则的片，或者是剁成黄豆大小的肉粒，有的还在其中加板油油渣。这个菜的食用范围也比较宽，不仅适宜下酒下饭，而且还可以作为面膜使用。

鱼香脆滑肉的原料：猪肉 350 克，水发木耳 30 克，净青笋 150 克，泡红辣椒茸 50 克，葱花 30 克，姜米 15 克，蒜米 30 克，酱油 25 克，白糖 30 克，盐 2 克，醋 15 克，水豆粉 75 克，混合油 75 克，汤 50 克。

切配：

第一，猪肉可以用边角余料，而且肥瘦肉都可以用，当然，最好是肥瘦肉都有。把猪肉切成大如指甲盖的小片，装入碗内，加 1 克盐、50 克水豆粉拌匀。

第二，将木耳铡成碎刀，青笋也同样铡碎刀，码一点盐。

第三，用一个碗装姜、蒜米子、葱花、1 克盐、酱油、白糖、醋、水豆粉 25 克，对成滋汁。

烹制：

炒锅置旺火上，放混合油，烧热；下肉片，肉片炒散了后下泡红辣椒茸一起炒。也可以在肉片炒散后，将肉片拨到锅边，利用锅心炒泡红辣椒茸，待炒出颜色后，放姜、葱、蒜下去一起再炒，然后加入青笋、木耳，同肉片一起炒，最后烹入滋汁，收汁后起锅。鱼香脆滑肉的制作方法与鱼香肉片、鱼香肉丝的操作方法是一样的。

鱼香脆滑肉的风味特点是鲜香滑爽。

做这道菜需要说明以下几点：

其一，不用泡辣椒，用豆瓣也可以，但是一定要把豆瓣剁细。我之所以提出可以用豆瓣代替泡辣椒，是因为泡辣椒总是有季节的，特别是一般大众化的菜，如果全部用泡辣椒，可能满足不了需要，所以在多数时候，一般大众化菜肴做鱼香味是用豆瓣代替泡辣椒。

其二，所用的肥瘦肉，其肥瘦比例不强求，不是说非要肥几瘦几，总之，只要有肥肉、有瘦肉就行。全部用瘦肉，吃起来不是那么滋润，全部用肥肉，吃了对人体健康不好。

其三，油的用量要适度。何为适度？就是说，肉片炒散以后略略现一点油为好，只要能够把泡辣椒炒香、炒红就行了。

实际上，这是与鱼香肉片和传统的小滑肉相结合的一道菜。

【鱼香茄饼】

鱼香茄饼是一道蔬菜细做的菜式。它是以茄子作皮料，包上猪肉馅，

玩味川菜

再裹蛋豆粉，炸酥后放入鱼香汁中，经过熘制而成的菜。

鱼香茄饼的原料：鲜茄子 500 克，肥瘦猪肉 150 克，鸡蛋 1 个，姜米、葱花各 15 克，蒜米子 25 克，泡红辣椒茸 50 克，盐 3 克，酱油 15 克，白糖 25 克，味精 1 克，绍酒 10 克，醋 15 克，干豆粉 75 克，水豆粉 100 克，菜油 750 克（大约耗 100 克），汤 150 克。

切配：

第一步，把猪肉洗干净，去筋后剁茸，盛入碗内，加盐 1.5 克，酱油 5 克，水豆粉 50 克，将猪肉拌成馅。

第二步，鲜茄子去蒂、去皮，切成火夹片。所谓"火夹片"，就是将每片茄子切两刀，头刀不切断，第二刀才切断。鸡蛋打入碗内，加干豆粉调成蛋豆粉。

第三步，另外取一个碗，放入余下的盐、绍酒、醋、白糖、水豆粉以及姜、葱、蒜、味精、汤，对成滋汁。

第四步，茄子夹逐个包入肉馅。

烹制：

第一步，炒锅置旺火上，当菜油烧至七成热时，将茄饼逐个裹上蛋豆粉，放入油锅中炸，炸成金黄色时捞起。茄饼要裹一个炸一个，炸好一个捞起一个，切勿一次放几个茄饼下锅炸，免得炸的茄饼多了照顾不过来。

第二步，倒去炸油，锅里大约留油 25 克，下泡红辣椒茸炒香，烹入滋汁，待滋汁收浓时，把茄饼倒下去，让每一个茄饼都裹满滋汁，然后迅速起锅装盘，这道菜便做好了。

鱼香茄饼的风味特点是汁色红亮，皮酥馅嫩，味美鲜香。

做这道菜需要说明以下几点：

其一，火夹片不能切得太厚，但也不能切得太薄，太厚了，不好包肉馅，太薄了，又吃不到茄子的味道，每个火夹片的厚度以 1 厘米为好。

其二，馅肉里可以加一点葱花，也可以加一点马蹄粒。蛋豆粉不能裹得太厚，炸茄饼的油温度要高。

其三，茄饼炸好以后，也可以不用再次下锅。把茄饼装入盘中，待滋汁收浓以后直接浇到茄饼上即成。另外还有一种制作方法，就是把滋汁装入碗中，吃的时候，用筷子夹着茄饼在碗里蘸上滋汁吃。

其四，如果不用鱼香汁，而是配上椒盐，那么这道菜就该叫椒盐茄饼；如果改用蜜玫瑰、猪油、白糖、面粉制作而成甜馅，茄饼如法炸制以后，再挂以糖汁，那么这道菜就叫玫瑰茄饼。

辣而不燥、辣中有香的煳辣荔枝味

（菜例：宫保大虾、香辣鸡块）

煳辣荔枝味的代表菜是闻名遐迩的宫保菜系列。

宫保系列菜肴是由宫保鸡丁发展而来。关于宫保鸡丁的传说有好几个版本，但不管是哪个版本，有一点是共同的，那就是这个菜是因丁宫保而得名的。

丁宫保的本名叫丁宝桢，贵州平远人，字稚璜，咸丰进士。清同治六年（1867 年），曾加封太子少保衔。太子少保又称宫保，宫保是对太子少保加衔者的一种尊称。

据《清史稿》卷 234 列传记载，光绪二年，丁宝桢任四川总督。刚上任，他便严肃吏制，惩罚贪官，建机器局，修都江堰，治蜀凡十年，几乎除净盗匪，被人誉称为"道不拾遗"。光绪十一年（1885 年），丁宝桢升太子太保。他一生中的最后时间是在四川度过的，卒后升太子太保。由此可见，丁宝桢是两次加封太子太保衔，所以世人称他为丁宫保。

据我了解，宫保鸡丁的来历至少有六种说法，其中有三种说法有一定道理。

第一种说法，丁宝桢来四川以后大修水利，百姓受其惠，因此，献其喜食之鸡，以表达感激之情，因为是献给丁宫保吃的，故名宫保鸡。这个故事有点类似东坡肉的来历。宋朝时期，苏东坡在杭州做官时，疏浚西湖，百姓感恩，献其喜食之肉，因为是献给苏东坡吃的，故名东坡肉。

第二种说法，我是听孔道生师傅讲的。孔道生师傅生于 1900 年，他当学徒时，离丁宝桢去世时大概也就 30 多年，他讲的有关丁宝桢的龙门阵，应该说是有一定依据的。他对我说，最初的宫保鸡的做法与现在的宫保鸡丁的做法根本是两回事。他说，丁宝桢来当总督的时候，四川当地的一些同僚给他接风，当时正好遇到小青椒出新，于是做了一道青椒烩鸡米（把鸡肉和青椒均切成米粒状），其味清香，请他品尝。丁宝桢吃了这道菜觉得好吃，就问大家这是啥子菜？同僚们便顺口答道："既是为宫保大人做的菜，其名当然是宫保鸡了。"所以在很长一段时间里都是称宫保鸡，而不是宫保鸡丁，既然是宫保鸡，那就不一定是丁，只是后来才慢慢演变成宫保鸡丁。

第三种说法，见于李劼人《大波》中的一条注释："清光绪年间，四川总督丁宝桢，原籍贵州，在四川时喜欢吃他家乡人做的一种油塅（炸）煳辣子炒鸡丁。四川人接受了这个食单，因为丁宝桢官封太子太保，所以一般称为'宫保'，故曰'宫保鸡丁'。"从这里看，这个菜好像应该是贵州菜。

一次我从贵州路过的时候，专门到一家饭店去吃饭，见到菜牌上列了不少的宫保菜品，其中，有一款名叫宫保肚头，于是我点了这菜。吃后方知，宫保肚头是用糍粑辣椒来炒的。再后来我曾托一位出差到贵州的同事专门到贵阳市饮食公司去给我带回来了一本《黔味菜谱》。我一翻书，那本书上的宫保系列菜果然都用的糍粑辣椒。这显然与四川宫保鸡的做法是两回事。

李劼人的说法又与现实不一样，但不管怎么说，宫保鸡与丁宝桢有关是毫无疑问的。所以我说，菜是因丁宝桢而得名，丁宝桢是因菜而名扬天下。如说丁宫保，可能许多人都不知道是谁，但说宫保鸡，知道的人就很多。

宫保鸡的风味特色有两种说法，一种说法认为它是煳辣咸鲜味，就是说它是基础味的咸鲜味。坚持这种说法的人不多。另一种说法认为它是煳辣荔枝味，就是说，它是在荔枝味的基础上又有煳辣煳香的味道。坚持这种说法的人较多。

在烹制宫保系列菜肴时，具体步骤一般都是先将油烧热，依次放入干辣椒节和花椒，将味炝入油中后再下主料合炒。但这里要注意一个问题，要想让味炝入油里，用辣椒和花椒的量十分关键。

一位重庆师傅曾对我说："煳辣味既然是取其味，是不是一定要加辣椒、花椒跟主料一起炒？可不可以在油炝入味后，把辣椒、花椒捞起来不用，或者是成菜后只用少许颜色好的辣椒来镶盘？特别是一些高档的菜式，像宫保大虾、宫保鲜贝等，完全可以在油炝入味后把辣椒、花椒捞起来，这样味也取出来了，菜又好看。"

我认为，这不失为一种好的烹饪方法。

与煳辣味相近的是香辣味。香辣味所用的辣椒，一个是煳辣椒，另一个是刀口辣椒。刀口辣椒是将干辣椒、花椒用少许油炝煳、炝香,再用刀铡细的辣椒。

香辣味成菜的风味主要是煳辣咸鲜味。当然,也有少数带煳辣荔枝味的。香辣味主要适宜炒、干煸这些方法,譬如干煸香辣鸡、干煸兔、干煸牛蛙,还有香辣牛肚、香辣环喉。香辣味与煳辣味比较接近,所以把两种味归为一种也可以,把香辣味单独列出来也可以。

那么,可以这样来理解,煳辣味的主要风味特点是煳辣荔枝味;香辣味的主要风味特点是煳辣咸鲜味。

这种味型的菜例我举两个,一个是宫保大虾,一个是香辣鸡块。

【宫保大虾】

宫保大虾,是近十几年来较为流行的一款菜式。做这道菜的关键是火候的掌握,烹制时间稍长,就可能使大虾的肉质变老。根据一些老师傅的经验之谈,大虾的加热时间以把握在一两分钟以内为最佳。

宫保大虾的原料:大虾450克,酥花生仁50克,姜30克,葱白30克,蒜片20克,干辣椒6根,花椒30余粒,鸡蛋清1个,盐2.5克,酱油15克,白糖25克,醋15克,绍酒15克,味精1.5克,干豆粉50克,水豆粉30克,芝麻油15克,菜油100克,汤50克。

切配:

第一步,把姜一半切片、一半拍破,将20克葱白切成颗,10克葱白切成段,干辣椒去蒂切段,酥花生仁去衣,鸡蛋清加干豆粉调成蛋清豆粉。

第二步,大虾去壳,去掉沙腺。大虾背上有一条腺,里面装着沙,去沙腺就是把这条腺取掉。将虾肉切成约1.6厘米的丁,当然也要看虾肉的大小,如果虾肉与要求的大小相近,就用不着改刀了。把虾肉洗干净,装入碗中,加盐1.5克、绍酒10克、姜块、葱段,腌几分钟;然后把姜、葱取出来丢掉,码蛋清豆粉,一定要码匀,再加5克酱油拌匀。加酱油的目的是让原料带一点色。宫保菜,不管是鸡丁也好,肉丁也好,大虾也好,都应该带点棕红色。

第三步,取出一个碗,放盐1克、酱油10克、白糖、醋、绍酒5克、味精、芝麻油、水豆粉、汤,对成滋汁。

烹制:

宫保大虾要求成菜迅速。锅置旺火上,下菜油烧至六成热。如果是用菜油，一定要用炼熟了的油。当菜油烧至六成热时下辣椒节、花椒炒香。做这个菜火力不能太大，七八成热以上的油温都高了，可以把炒锅端离火口凉一下，待油温降到可用的温度时再下干辣椒、花椒。干辣椒、花椒炒香后捞起来。下大虾炒散；在炒的同时，下姜、蒜片子和葱颗炒匀；把滋汁调均匀，烹入锅内；当收汁亮油的时候，把花生米撒下锅去簸匀。这一套动作非常连贯，而且动作要快，用通俗的话说，几十秒钟就要解决问题。以前做这个菜用的是红酱油，因为红酱油容易巴住原料。

这个菜的风味特点是颜色棕红，肉质细嫩，其味香、辣、酸、甜。宫保大虾适宜用来佐酒。

做这道菜需要说明以下几点：

其一，为了稳妥起见，有的人做这个菜是采取滑炒的方法。所谓滑炒，就是先将大虾肉在温油里滑散，然后把大虾肉捞起来。待油温升至六成热时，下辣椒、花椒，炒香后把辣椒、花椒捞起来，再下姜、葱、蒜炒香。滋汁烹入锅内，当汁收浓时把虾肉倒下去，将其在滋汁里裹转，加花生米，起锅。大虾和鸡的质地不一样，鸡肉在锅里烹制的时间稍微长一点，一般不会出大的问题，但是大虾在锅里烹制的时间稍微偏长一点，这个所谓的时间偏长不是以分钟计算，而是以秒来计算。干烧大虾时，大虾在锅里只能一分多钟，否则肉质会变老。

其二，不用花生米，用油酥腰果也可以。大虾与鸡相比档次略要高一些，所以可以用腰果来代替花生米。

其三，这个菜的成菜要求统汁亮油，就是说要符合一般炒菜的规矩，略略有点亮油就行了。

凡是宫保系列的菜，其调味、配料以及整个制作程序大体都差不多。

【香辣鸡块】

香辣鸡块又名叫香辣子鸡。如果说在川菜中，有什么菜的辣劲可以和麻婆豆腐、水煮牛肉一比高低的话，那么就要算香辣鸡块这道菜了。在这道菜中，仅辛辣味的调料就用了好几种，譬如用了干辣椒、辣椒粉、豆瓣，另外还用了姜、蒜米子。

做菜所用的原料是没有开叫的童子鸡，童子鸡就是还没有长成熟的小公鸡。童子鸡个头都不大，只有 500 克左右。做这道菜在用味上比较厚一些，煸得也要久一些。可以说香辣鸡块是一道具有农村风味的菜式。

香辣鸡块的原料：嫩公鸡 1 只（约重 1 000 克），姜、蒜片子各 20 克，蒜苗 50 克，干辣椒 6 根，辣椒面 25 克，豆瓣 50 克，花椒 20 余粒，盐 3 克，绍酒 25 克，酱油 15 克，芝麻油 20 克，菜油 75 克，汤 400 克。

切配：

第一步，嫩公鸡宰杀后煺毛、去内脏，洗干净，宰去鸡头、鸡爪，连骨砍成约 2 厘米大小的块。

第二步，将干辣椒切成约 2 厘米长的段，蒜苗切成约 3.5 厘米长的节。

烹制：

第一步，炒锅放旺火上，倒菜油下锅烧至五成热时，下干辣椒略炒，再下鸡块、盐、花椒一起煸炒，当鸡块煸干水汽时拨至锅边。

第二步，在锅心处下豆瓣、辣椒面和姜、蒜片子炒香，炒至油呈红色时掺汤，加绍酒、酱油，将鸡块拨入汤中，用中火收汁，待汁干时下蒜苗炒熟，淋芝麻油起锅，这个菜便算制作完成了。

实际上，这道菜既不是炒，也不是烧，倒有点像用油汤来收的菜。现在这个菜的做法与过去的做法有点不一样，厨师是先用盐、姜、葱、绍酒把鸡块腌几分钟再炸、再收。这样做的好处是可以缩短烹制的时间，所以有些人又把这个菜叫干煸仔鸡。

这个菜的风味特点是香辣味厚，鸡肉干香。

酸酸甜甜醋熘味

（菜例：糖醋鱼花、锅巴肉片）

糖醋味其实指的是两个味，一个是糖醋味，一个是荔枝味。

在行业内，一般将这两种味型的呈味特色称为大甜酸和小甜酸。大甜酸指的是糖醋味，小甜酸指的是荔枝味。糖醋味的菜进口就有浓浓的甜酸味，而荔枝味的甜酸味相比则淡了许多，只能感觉到一点甜酸味。

与鱼香味一样，这两种味型都特别适用于炸熘这种烹饪方法。其原因，与鱼香味适用于炸熘这种烹饪方法的原因差不多。当然，这种味型它也有少量的菜是用炒和烧的烹饪方法来制作。为啥说这两种味型用炸熘的方法最适宜呢？这也与鱼香味相同。另外，我还注意到一个现象，在热菜中有这种味的菜，几乎都是荤菜，其中又以鱼肴居多。当然，也有少量的菜是用素料。糖醋味、荔枝味的菜品，除锅巴系列菜外，还有糖醋脆皮鱼、糖醋鱼、五柳鱼、荔枝鱼、松鼠鱼、菊花鱼、糖醋黄花鱼，等等。糖醋味的菜肴，鱼占了相当多的数量。当然，用其他原料的也有，譬如糖醋扳指、糖醋里脊、荔枝腰块、荔枝肉花，等等，用的就是其他荤料。

糖醋味的调料是糖、醋、盐，或者是盐再加酱油、姜、蒜、汤、水豆粉。

锅巴系列就属于其代表菜，另外，前面讲的糖醋鱼等，也是它的代表菜。

关于这种味型的菜例我举两个，一个是突出糖醋味的糖醋鱼花，一个是突出荔枝味的锅巴肉片。

【糖醋鱼花】

糖醋鱼花是由糖醋脆皮鱼演化而来，除此以外，它还可以演变成糖醋鱼条、糖醋酥鱼片、糖醋菊花鱼，等等。整鱼可以用于筵席，因为筵席吃菜的人多。糖醋脆皮鱼一般都是全鱼，所以多用于筵席。但是，人少的时候想吃糖醋鱼、脆皮鱼怎么办？有一个办法解决，那就是用鱼条、鱼花或者是鱼片来做这个菜。

糖醋鱼花的原料：净鱼肉 400 克，盐 1 克，姜 35 克，蒜米 30 克，葱段 25 克，白糖 75 克，醋 30 克，酱油 20 克，绍酒 10 克，干豆粉 75 克，水豆粉 100 克，芝麻油 5 克，汤 300 克，菜油 1 000 克（大约耗 100 克）。

切配：

第一步，用姜、葱腌鱼。把姜的一半切成片，一半切成米子。

第二步，将鱼肉皮贴着墩子，打斜剞十字花刀，刀划深度约为材料厚度的 4/5，然后把鱼肉改刀成约 5 厘米大小的块，装入碗中，加 0.5 克盐、酱油 15 克、水豆粉、绍酒 5 克、白糖、醋和汤，对成滋汁。

烹制：

第一步，炒锅置旺火上，下菜油，在烧油的同时，把腌过的鱼块中的姜、葱捡出，用干布稍微揳一揳鱼面上的水分，用干豆粉将鱼块拌匀。在油温升至八成热时，将鱼块逐个放入油锅里，炸至鱼肉翻花、色黄、酥脆时，把鱼块捞起来装入盘中。

第二步，倒去炸油，锅里大约只留 40 克油，待油重新烧热后，下姜米、蒜米，炒几下；将滋汁搅匀后烹入，当滋汁成二流芡时加入芝麻油 5

克，和匀后把滋汁浇到鱼花上，这个菜便算做成了。

糖醋鱼花的风味特点是成形美观，色泽金黄，外酥内嫩，甜酸味香。

做这道菜需要说明以下几点：

其一，在给鱼剞十字花刀的时候，深度一定要恰到好处，划刀浅了、细了，会造成鱼花翻得不好；划刀太深了，又容易造成"穿花"的失误。划刀距离不宜太密，以 0.4~0.5 厘米为宜。它不像荔枝鱼花的刀距就要求要密一点、细一点。

其二，下干豆粉时，豆粉要扑得均匀，让鱼肉的缝隙中都要有粉，不能留下空白。

其三，炸鱼的油温不能低了，至少应该是八成热左右的油温，这样的油温炸出来的鱼块才能保证其酥脆度和嫩度。

【锅巴肉片】

在四川，锅巴肉片被称为名而不贵的风味菜品。所谓"名"，是指其盛名经久不衰；所谓"不贵"，是指其用料极其普通，售价不高。而恰恰是这道普通的菜肴，却给不少人带来了诸多乐趣。原因就是因为它除了色、香、味俱佳外，还能发出声响，所以又有人称它为有声音的菜，甚至还有人给它取了一个响亮的名字，叫"平地一声雷"。由此，还延伸出了锅巴系列。

锅巴肉片的原料：猪瘦肉 200 克，锅巴 250 克，姜片、蒜片各 15 克，小白菜心 100 克，葱白 25 克，泡辣椒 3 根，水发木耳 50 克，盐 10 克，酱油 25 克，白糖 75 克，醋 40 克，味精 1.5 克，水豆粉 200 克，汤 750 克，混合油 60 克，菜油 750 克（大约耗 90 克）。

切配：

第一步，将猪瘦肉洗干净，切成薄片，装入碗内，加 1 克盐、水豆粉 50 克拌匀；把锅巴掰成宽约 5 厘米大小的块，块太大了，客人吃起来不方便，块太小了，容易炸焦，而且太渣，感官效果不好。

第二步，将葱白、泡辣椒切成马耳朵形状，把水发木耳和小白菜心淘洗干净。

第三步，取出一个空碗，放入 9 克盐及酱油、白糖、醋、味精、水豆粉、汤，对成滋汁。

烹制：

玩味川菜

第一步，炒锅置旺火上，放入混合油，油烧至六成热时下肉片炒散，同时下姜、葱、蒜以及木耳、小白菜、泡椒，搅匀。随即调匀滋汁，之所以必须将滋汁调匀，是因为它的糖和水豆粉的用量比较大，只有把滋汁调匀了才能产生较好的烹制效果。将滋汁烹入锅中，当滋汁成二流芡时起锅，装入一个大碗中。

第二步，把锅洗干净，另外放入菜油，用旺火将油烧至八成热时，把锅巴放进去炸，待锅巴在油中浮面呈金黄色时，把锅巴捞起来倒入盘中，并舀一点热油进去。舀热油进去的目的是让锅巴保温时间长一点，端上桌浇汁时才会发出响声。只要锅巴炸得好，也不一定要打底油。将肉片端上桌，将其倒入锅巴盘内，吱吱响声骤起，这个菜便算做成了。

这个菜的风味特点是肉片滑嫩，锅巴酥脆，味带酸甜，趁热取食，其味尤佳。

做这道菜需要说明以下几点：

其一，要选用厚薄一致、不煳、干透了的锅巴，没有干透的锅巴炸不过心，吃起来顶牙。

其二，炸锅巴的油温不能低，否则锅巴炸不透、炸不酥。

其三，一定要把滋汁调匀。现在有一些厨师做锅巴肉片是作料一样一样地往锅里舀，舀了作料后掺汤，再来扯芡。这样操作，既耽搁时间，又造成了肉片在锅里受热时间太长，以致肉片变老。以前老师傅做锅巴肉片时，是把滋汁装在碗中调匀，趁火力旺时冲下去，一开滋汁便成了二流芡。另外，糖和醋一定要用够。

其四，如法可以做锅巴海参、锅巴鱿鱼、锅巴鸡片、锅巴鱼片、锅巴虾仁，等等。

这也就是所谓的锅巴系列。这个菜之所以比较受欢迎，不仅因为它能发声，而且还是饭菜合一的佳肴，可以当主食吃。

辛香醇浓、酸咸适口话姜汁

（菜例：家常姜汁肘子）

热菜中的姜汁味在冷菜的拌菜中也有这个味型。姜汁味型用于冷菜，不仅可以冷拌，还可以热拌。譬如姜汁蹄花、姜汁拐肉这些带皮原料的菜，都适宜热拌。所谓热拌，就是将原料在开水里冒一下，冒热后将冷滋汁淋上去。因为这一类材料不仅带皮，而且胶汁比较重，前面讲过，醋避毛腥味，但主要作用在于姜。

热菜的姜汁味型主要是用于烧烩和清蒸这类菜式。烧烩类菜式为了区别于冷菜，往往在菜名前要冠以热味两字，譬如热味姜汁鸡、热味姜汁肘等。而清蒸类的菜式，多将姜汁作为味碟来使用，这种味碟，我们一般称作毛姜醋，或者叫姜醋碟。味碟，主要是用于食者蘸食，譬如清蒸江团、清蒸鳜鱼卷。还有一种做法是把姜醋汁浇淋于菜中，这有点像热拌的方法，譬如辣味姜汁鸭脯、清蒸肘子，等等。

热味姜汁鸡有四种做法：第一种是加豆瓣的家常姜汁鸡；第二种是加红油的姜汁鸡，我们称为姜汁鸡搭红；第三种是冷姜汁浇热菜；第四种就是所谓的正宗做法。此外，还有一种原北京的四川饭店已故厨师陈松如师傅的做法。我在他的书中看到过煳辣姜汁味这道菜。这种姜汁味是将过了油的干辣椒和花椒剁细，和姜汁一起拌，然后把它浇到菜上。煳辣姜汁味既不同于家常姜汁味，也不同于一般的姜汁味，完全是另外一种风味。

虽然有以上几种姜汁味，但基本的姜汁味是什么呢？

基本姜汁味的主要调料是盐、姜汁或者姜末。姜汁，是把姜舂茸，加盐或者是醋一起拌，以此把姜中的辛辣味取出来；姜末就是通常说的姜米子。另外，就是醋、味精和芝麻油。当然，根据菜的不同，有的还要加点其他佐料，譬如说加点葱花，这并不影响它的基本风味。基本姜汁味的风味特点是，在淡淡的咸鲜味当中能够品出浓浓的辛辣味和香醇，它的辛辣味是姜的辛辣味，它的香醇是几种原料融和后产生的一种风味。

基本的姜汁味的代表菜有煳辣姜汁鳜鱼、旱蒸姜汁仔鸡、辣味姜汁鸭脯、旱蒸鲢鱼段，也包括前面讲的热味姜汁鸡、热味姜汁肘子，等等。

【家常姜汁肘子】

家常姜汁肘子是在热味姜汁肘子的基础上加豆瓣制作。

家常姜汁肘子的原料：猪肘子 750 克，盐 1 克，酱油 25 克，姜米 50 克，细葱花 50 克，郫县豆瓣 50 克，醋 25 克，混合油 75 克，水豆粉 60 克，味精 1 克，汤 250 克。

切配：

　　第一步，把猪肘子刮洗干净，放入锅中，加清水，把拍破的一块姜和几节葱丢进去，用大火烧开，打去浮沫，然后改用小火炖，把肘子炖耙，取出来凉冷，切成 2 厘米大小的方块。餐厅做这个菜，一般是用熟肘子，只有家庭做这个菜才用生肘子。用小火炖肘子是为了让汤清亮。这个菜汤用得不多。

　　第二步，把郫县豆瓣剁细。

　　烹制：

　　炒锅置旺火上，倒进混合油，烧至五成热，下豆瓣进去炒到油现红色时，放进姜米、酱油、盐、汤及肘子，烧四五分钟至肘子上色入味，用水豆粉勾芡，芡勾浓时加醋，撒细葱花。醋不能下早，下早了会挥发。加点味精和匀，起锅装盘即成。

　　这道菜的风味特点是姜醋味浓，带有辣味，质地耙软，入口不腻。

　　做这道菜需要说明以下几点：

　　其一，肘子不能煮得过耙，要有点嚼头。有些人把肘子炖得"魂"都没有了，一入口就吮化，简直没有吃头。

　　其二，豆瓣不能用多了，这个菜突出的是姜醋味，一定不能让辣味压住它，如果只吃得出豆瓣味，吃不出姜醋味，这个菜就算做失败了。

　　其三，葱花可加可不加，加了可以增加一点香味，不加也不会影响它的风味。

　　其四，这个菜如果不加豆瓣，就是正宗的热味姜汁肘子。另外，菜起锅的时候可以搭一点芝麻油。

不一样的五香风味

（菜例：香炸鸡腿、荷叶蒸肉）

　　热菜的五香味与冷菜的五香味有所不同。冷的五香味，多数是以卤法成菜，卤，以前叫香卤；热菜的五香味多用于蒸炸。它们有一个共同特点，即是在咸鲜味的基础上突出几种香料的特点。

　　川菜热菜中的五香味主要是采用蒸和炸。在这两种方法中，我认为最有特点的是以酥炸类的菜品最典型，也就是说，酥炸类菜品是五香味最有特色的菜品。这种特色主要反映在两个字上："香"和"酥"。香，包含了香味浓郁，香气扑鼻，菜端上桌子以后，闻得到浓浓的香味；酥，是表现它的质地酥软爽口，菜的表皮吃起来很酥，肉吃起来很软，虽然酥，但不油腻。

热菜五香味的调料构成主要有五香粉、花椒、盐、姜、葱、绍酒、芝麻油，等等。

五香味的代表菜品有香酥鸭、香酥全鸡、八宝香酥鸽、香酥鹌鹑、香酥凤腿、香炸鸡块、香炸排骨、五香蒸肉、粉蒸鸭，等等。其中的五香蒸肉和粉蒸鸭属于蒸菜。

五香味的菜品我举两个菜例，第一个是香炸鸡腿，第二个是荷叶蒸肉。

【香炸鸡腿】

香炸鸡腿又称作香酥凤腿。

香炸鸡腿的原料：鸡腿8只，姜、葱各25克，盐4克，绍酒15克，五香粉2克，白糖15克，醋10克，味精1克，芝麻油10克，莲花白150克，菜油（或调和油）1 250克（耗75克）。其中的白糖、醋、芝麻油、莲花白，主要是用于拌生菜。

切配：

第一步，把鸡腿洗干净，除净残毛，然后用刀把鸡腿修整齐，修成纺锤形。

第二步，鸡腿放入碗中，加盐3克，放入绍酒、姜、葱，姜要拍破或切成片，葱切成段，加五香粉拌匀，腌10多分钟。

第三步，用莲花白上半部的净叶，淘洗干净，切成细丝，放入清水中漂起。

烹制：

第一步，把装鸡腿的碗放入蒸笼中，用大汽蒸炽，然后取出蒸碗。这个炽要达到十分火候，就是说手指稍用力一捏或一拉鸡腿肉就会脱落，不能蒸得太硬，扯都扯不动。鸡腿稍微凉一下，收一下汁。

第二步，炒锅置旺火上，放菜油或调和油，烧至八成热时将鸡腿一个一个地放入油中炸，炸至皮酥捞起。炸的时候一定要注意，因为鸡腿肉本身已经很炽，稍不小心就会把鸡肉炸脱，最好的办法是，用一个漏瓢把鸡腿托着炸。

第三步，把炸好的鸡腿呈放射状摆入圆盘中，以前讲究点的人，在摆鸡腿以前，将鸡腿骨部分用锡箔纸缠，也有用餐巾纸包裹，以方便客人吃

99

时用手拿。鸡腿摆放好了，把莲花白丝捞起来，加点盐、白糖、醋、味精、芝麻油拌匀，拌成糖醋生菜，放在圆盘的中间，这道菜到此便完成了。

香炸鸡腿的特点是酥香、炽软。香，既有香料的香，也有炸了以后油脂的香。

做这道菜需要说明以下几点：

其一，鸡腿要选嫩鸡腿，不能用老鸡腿。

其二，炸鸡腿的油温宜高不宜低，至少要达到八成热的油温。温嘟嘟的油，炸不酥鸡腿；油温高，鸡腿下锅很短时间表皮就炸酥香了。

其三，这种炸鸡腿的方法行业内称之为清炸，所谓清炸，是指炸以前没有给鸡腿穿"衣服"，即没有给鸡腿包东西。但是，也有一些厨师在炸鸡腿以前要往鸡腿上扑一点细干豆粉，还要在鸡蛋液里拖过，再黏面包糠炸。这些炸法，我认为都可以，关键在于要保持它那种酥的风味。

其四，按照这种方法，还可以做香炸鸡翅、香炸排骨、香酥鸡、香酥鸭，等等。所举的这类香酥菜品，其烹制程序都是一样的。但有一点要注意，如果是做全鸡、全鸭则应注意以下两点：第一，在码味的时候，原料的里里外外都要码，不要只码原料表皮。第二，蒸的火候基本上要让原料达到炽而离骨的程度。下锅炸时，要注意保持它的形状，必须用漏瓢托起来炸，千万别直接把原料丢下锅炸，谨防捞起来全都散架了。香酥鸭用的鸭子比较肥，所以以前的菜谱都写的是香酥肥鸭。食用肥鸭子，应该配葱酱碟子，就是大葱花配甜面酱，与荷叶卷在一起上。

【荷叶蒸肉】

荷叶蒸肉的原料：猪保肋肉 500 克，米粉 100 克，五香粉 1.5 克，姜、葱各 25 克，鲜荷叶 4 张，鲜黄豆 100 克，花椒 20 多颗，醪糟汁 50 克，甜酱 25 克，盐 1 克，酱油 30 克，豆腐乳水 50 克，红糖 25 克。

切配：

第一步，荷叶洗干净，用刀划开，大荷叶划为六张，小荷叶划为四张。以前这个菜，一份做 20～24 块。荷叶划成小块以后，放进开水里烫软取出。分别把花椒、姜、葱铡细，几样东西一起铡细也可以，其操作有点像冷菜中的铡椒麻。花椒要用生花椒。

第二步，猪保肋肉刮洗干净，切成长约 5 厘米、宽约 3 厘米的片。酱油、盐、醪糟汁、豆腐乳水、甜酱、姜、葱、花椒和红糖（切细）、五香粉等放入盆内拌匀，然后再倒入肉片拌，当每片肉都拌上了味以后加米粉，再拌。有些人拌蒸肉，先把肉放入盆中，然后把作料一样一样地放进去再来拌。这种拌法，原料不容易拌均匀，很难掌握好作料放多少。因此，米粉要最后下，不能下早了。

第三步，定碗。把一小张鲜荷叶铺开，摆上两片肉片，中间夹四五颗鲜黄豆，用荷叶把肉片包起来，像包小方包一样，不能卷。小方包包好了，交口处向下摆入碗中，这样荷叶包才不会散开。照此做法，直到把荷叶肉包完，并在碗内摆好，一般是摆两层。

第四步，将装好荷叶包的碗放进蒸笼，用旺火蒸。肉蒸𤆵了，把碗取出来。有的人是将碗中的荷叶蒸肉扣到盘子里，有的人是用筷子把荷叶蒸肉一块一块地夹放到盘子里，用哪种办法，完全根据需要选择。

荷叶蒸肉的风味特点是肉𤆵，味香鲜，有荷叶的清香味。

做这道菜需要说明以下两点：

其一，荷叶蒸肉还有一种做法，就是不用连皮肉，而且是把瘦肉与肥肉分别切成片。用荷叶包肉的时候，是用一片肥肉铺底，放上几颗黄豆，再盖一片瘦肉，用荷叶包起来蒸。这种做法好像是现在比较通用的办法。不过，我觉得蒸肉还是用有皮子的肉才好吃。

其二，拌的时候，要掌握好调料的干稀，尽量做到让作料滋汁都巴到肉片上，剩的汤汁不能多，不要肉片拌好了，盆子里还剩许多汁水，汁水多了，必然要用很多粉子。拌上味以后，略略现一点汁，然后加粉子，用量就比较合适，拌出来的东西干酥酥的。拌得好的荷叶蒸肉，每一片肉夹起来都有米粉子，但是又没有多少粉子剩在盘子里。米粉子起砣砣的另一个原因是粉子打得太细，做荷叶蒸肉用的米粉子，要打得稍微粗一点才好。现在，市场上有专门用于蒸肉的米粉子卖，这种米粉子已经把香料打进去了。

按照荷叶蒸肉的做法，有的人用荷叶来做粉蒸鱼、粉蒸豆腐鱼、粉蒸鸡，总之，它派生出来的菜不少。

开胃、醒酒的酸辣味

（菜例：酸辣鱼茸汤、芹黄鸡丝）

川菜热菜中的酸辣味除了突出姜的辛辣味外，还突出郫县豆瓣或者熟油辣椒的辣味，这类菜品，譬如酸辣豆花，是用熟油辣椒体现辣椒的那种风味。另外，家庭炒菜，譬如炒青笋肉片，喜欢搭点豆瓣和醋，炒芹黄肉丝，也要搭点豆瓣和醋，特别是有些蔬菜比较服醋，譬如莴笋、芹菜、韭黄等。

正因为有这两种情况，所以，它们的调料也应该有所区别。

第一种酸辣味的调料构成是盐、醋、姜米、胡椒粉、味精、绍酒、芝麻油，它多用于清汤或煳辣汤一类的菜，譬如酸辣鱼翅、酸辣海参、酸辣鱿鱼、酸辣蹄筋、酸辣血丁汤、酸辣虾羹汤、酸辣蛋花汤，等等。

第二种酸辣味的调料构成是盐、酱油、郫县豆瓣（或者熟油辣椒）、醋、姜、葱、绍酒等。

这一类菜在此举两个菜例，第一个是酸辣鱼茸汤，第二个是芹黄鸡丝。

【酸辣鱼茸汤】

酸辣鱼茸汤的原料：鲜鱼 1 尾（约重 500 克），姜 50 克，葱 25 克，盐 5 克，胡椒粉 25 克，味精 1 克，绍酒 15 克，醋 30 克，水豆粉 100 克，芝麻油 15 克，化猪油 50 克，汤 1 000 克。

切配：

第一，将 10 克左右的姜拍破，把约 40 克的姜切成细米子，葱切段。

第二，鱼整治干净后剔下净肉，切成块，鱼头、鱼骨架备用。

烹制：

炒锅置旺火上，下化猪油烧热，放姜、葱炒香，掺汤，放盐、绍酒、胡椒粉、鱼头、鱼骨架，最后将鱼块也放进锅里用大火煮；鱼肉煮熟时，将锅里的东西分别捞起来，捞干净汤中的杂物，放姜米子进去熬出香味；剔下鱼骨架上的鱼肉放入汤中，下水豆粉勾成二流芡，芡扯好了，才加味精、醋、芝麻油和匀，起锅装碗即成。

酸辣鱼茸汤的风味特色是酸辣味浓，开胃醒酒。它可以作醒酒汤上桌。

做这道菜需要说明以下几点：

其一，鱼骨头可以用来熬汤，把鱼骨架上的鱼肉剔下来可以做酸辣鱼茸汤。

其二，鱼一定要汤开了才下锅。熬鱼汤，用开水与用冷水效果不一样。因为鱼汤要求要白，用开水鱼汤才熬得白。既然是白汤，那就用不得芝麻油，试想，白鱼汤上漂几滴芝麻油，多难看。酸辣鱼茸汤是煳辣汤，所以用了醋，再用点芝麻油也不会影响它的感官效果。

其三，锅中杂物一定要捞干净，避免残留骨刺伤人。

【芹黄鸡丝】

这是一道炒菜，突出的不是姜辣，而是豆瓣的辣。

芹黄鸡丝的原料：净鸡肉 400 克，芹黄 150 克（过去是指芹菜的嫩心部分，现在是指芹菜茎），姜丝、葱白各 25 克，盐 2 克，剁细的郫县豆瓣 30 克，酱油 10 克，绍酒 15 克，醋 10 克，水豆粉 100 克，菜油 75 克，汤 30 克。

切配：

第一，芹黄洗干净，切成 4 厘米长的段，装入筛内，用 0.5 克盐码匀，用的时候，先用清水冲一冲。现在有些厨师做这个菜，没有这道程序，直接把芹黄段倒进锅里炒，可想而知，其效果肯定不好。

第二，鸡肉切成细丝装入碗中，加 1 克盐和姜丝、葱白、绍酒及 75 克水豆粉，用汤拌匀。

烹调：

炒锅置旺火上，下菜油，烧至六成热时下鸡丝炒散，加剁细的郫县豆瓣再炒，炒至油呈红色时，下芹黄、鸡丝炒熟，烹滋汁；收汁后加醋、酱油，颠锅，让原料与滋汁均匀接触，起锅装盘。

芹黄鸡丝，有一些人又称家常鸡丝。为啥我没有说它是家常鸡丝呢？这是怕造成混淆，因为，按照家常鸡丝的做法，它就不应该搭醋，而芹黄鸡丝是按照酸辣味做的，必须要搭醋，且用的醋量大，一定要吃到醋的味道，所以应该叫它芹黄鸡丝。

芹黄鸡丝的风味特点是滋味鲜香，入口脆嫩。这里说的脆，是指芹菜的脆；这里说的嫩，是指鸡丝的嫩。

做这道菜需要说明以下几点：

其一，芹菜要码盐，一是给芹菜一个基本味；二是可以逼出芹菜中的部分涩水，使之质地更脆。

其二，在给鸡丝码味的时候，一定要让它吃够水。因为鸡丝是纯瘦肉，尽管用了 10 克绍酒，但是它的水分还是不够，只有码味之前先让它吃够水，这样才能保证鸡丝的鲜嫩。

其三，如法可以做芹黄肉丝、芹黄牛肉丝。

浓浓的酱酯香味

（菜例：酱爆羊肉、干酱冬笋）

酱香味型，是突出甜面酱特殊风味的一种味型。做酱香味，四川是用甜面酱，东北是用豆酱。制作甜面酱，是以面粉为原料，加水，加老面，和匀、揉匀，切成块，放进笼中蒸熟，然后取出打碎，接种曲，下缸加盐水，发酵而成。成品为黄褐色或棕黄色，有酱香和酯香气味，味醇正，鲜甜适口。

酱香味型在川菜热菜中多用于酱烧、酱爆和干酱一类的菜式及调制葱酱碟，还有需要用酱来增色增味的菜式。

甜面酱不仅具有香味浓郁、口味醇和的特点，而且还具有解腻改油的作用。为什么一些烧烤大菜，譬如烤乳猪、烤鸭等，要配葱酱碟子？那就是为了让客人吃这些菜的时候可以帮助解腻改油。

酱香味的主要调料是甜面酱、盐、酱油、味精、芝麻油，根据不同的情况，也可以适当地加一点白糖、胡椒以及姜、葱等。

酱香味的代表菜品有酱烧鸭、酱爆肉、京酱肉丝、酱烧肘子、酱烧蹄膀、酱爆羊肉、菜椒鸡丁、酱烧茭白、酱烧苦瓜、酱烧茄子、酱烧豆腐、干酱冬笋等。

这里想讲清楚的一个问题是，干酱冬笋与酱烧冬笋有什么不同？酱烧是通过烧来成菜。干酱，则不通过烧，而是通过炸这种方法把主料烹熟了后再进行黏裹来成菜。

我曾经问过一些老师傅，他们说，这种烹制方法以前就有，而且以前就叫"干酱"，从来没有谁把它和酱烧等同起来。

酱香味型我举两个菜例，一个是酱爆羊肉，另一个是干酱冬笋。

【酱爆羊肉】

酱爆羊肉的原料：净羊肉 300 克，甜椒片 100 克，冬笋片 100 克，葱白段 30 克，姜片和蒜片各 20 克，盐 1.5 克，绍酒 20 克，酱油 20 克，味精 2 克，甜面酱 40 克，芝麻油 15 克，植物油 75 克，水豆粉 35 克，汤 20 克。

切配：

净羊肉去筋，切成薄片，装入碗中，加 1 克盐、15 克绍酒、30 克水豆粉拌匀。另用一个碗，放入 0.5 克盐、5 克绍酒以及酱油、味精、5 克水豆粉、汤，对成滋汁。

烹制：

炒锅置旺火上，倒入植物油。尽管这个菜是酱爆，但它与一般的爆在含义上有点不一样，一般的爆要求油温要高一些，而它的爆则要求油温要低一些，实际上已经近乎炒了。当油烧至六成热时，下羊肉片炒散，下姜片和蒜片、甜面酱炒香，然后将羊肉片拨至锅边，空出锅心炒甜椒、冬笋、葱白；这几样东西炒熟后将羊肉片重新推入锅心，一起炒匀后烹滋汁，汁收浓了，加芝麻油和匀，起锅装盘。整个烹制过程时间要很短，否则会影响效果。

酱爆羊肉的风味特点是酱香鲜醇，回味带甜。

做这道菜需要说明以下几点：

其一，拌羊肉片的豆粉一定要干稀适度，既不要太干，也不要太稀。量大时，可以加少许的油拌一下，这样原料才容易打散。

其二，所用面酱可以自行再加工。加工的具体方法，一般是加芝麻油或者加点绍酒、白糖、味精，把面酱调稀。

其三，一定要在羊肉片炒散了以后才下面酱。如果是餐馆做这个菜，甜椒片和冬笋片可以先拉一下油。所谓拉一下油，是先把这两样东西在油锅里过一下，然后才下锅炒。这种烹制方法可以节约菜的烹制时间，还可以保持原料的鲜嫩。因为生原料下锅，不管是冬笋片也好，甜椒片也好，总要耽误一点时间才炒得熟，让两样东西先在油锅里先过一下就成熟原料了，再下锅炒，所需的烹制时间就短了。

其四，滋汁中的水豆粉和汤不宜太多。一般来讲，只要主料的芡码得很好，那么滋汁中芡少一点，对成菜的影响都不是很大。滋汁中的水豆粉和汤多了，酽糊糊的，肯定会影响成菜的效果，看起来不好看。

【干酱冬笋】

干酱冬笋的原料：鲜冬笋 750 克，绿叶青菜 100 克（指小白菜、豌豆尖类），盐 15 克，甜面酱 50 克，白糖 15 克，味精 1 克，绍酒 15 克，芝麻油 15 克，化猪油 500 克（大约耗 60 克），水豆粉 25 克，汤 15 克。

切配：

第一，鲜冬笋去壳，去掉粗皮和质地比较老的部分，用清水洗干净，改刀为约 5 厘米长的段，再切成约 1.6 厘米厚的片，最后用手把冬笋片掰成约宽 1.6 厘米的条。直接用手把冬笋片掰成笋条很费力，以前餐馆的做法是，先用小刀在笋片上按笋条的粗细要求划出纹路，再掰，再划，直到笋条掰完为止。如此掰笋条要省力多了。去掉绿叶青菜上的杂质、菜根和质地老的部分，用清水淘洗干净。

第二，取一个碗，放盐、白糖、味精、水豆粉、汤，对成滋汁；另取一个碗，放甜面酱、绍酒调匀。

烹制：

第一步，炒锅置旺火上，放化猪油 15 克，油烧热后把绿叶青菜倒入锅中煸一下，煸熟了以后铲入盘中垫底。

第二步，再把炒锅置旺火上，将剩余的化猪油全部倒入锅中，当油烧至七成热时把冬笋条倒进去炸熟捞起，将炸过笋条的油倒入盛器中，锅中只留约 25 克油，油烧热了以后，下甜面酱炒散、炒香，烹滋汁，汁收浓了以后放芝麻油，下冬笋条，裹匀起锅，冬笋条盖到垫底上。制作这个菜用的是黏裹方法，不经过烧的程序，直接在锅里炒酱，烹滋汁，汁收浓了以后把冬笋条倒下去裹转即成。

干酱冬笋的风味特点是脆嫩爽口。干酱冬笋之所以具有脆嫩爽口的风味特点，是因为它是炸的，而且用的是鲜冬笋，水分不重。

做这道菜需要说明以下几点：

其一，实际上传统的做法是用猪油来炸，不用猪油用植物油炸也可以。另外，不是用烧法来做，而是用黏裹的方法来做成菜，所以它在锅里的时间很短，主要是通过炸，使原料成熟。

其二，为什么要用手掰笋条呢？因为，如果用刀来切笋条，那么冬笋条的各个方面必然都很光滑，大家都知道，原材料太光滑了就很不容易裹上酱，而用手掰出来的笋条，其断面肯定粗糙，这样冬笋条就很容易裹上面酱。正因为如此，以前的老师傅做这个菜，都是用手掰笋条。

其三，按照这种做法，还可以做干酱茭白、干酱苦瓜、干酱芸豆。也就是说，能用酱烧的食材都可以用干酱的烹制方法做出来，但前提是必须先用油把材料炸熟。为啥这个菜要用绿叶菜垫底呢？因为绿叶菜除了可以调剂口味外，还因为酱是滑的，用绿叶菜垫底，菜倒进去就不会打滑，另外，在色泽的搭配上，绿叶菜还可以起一定的衬托作用。

盐和糖的对话——咸甜风味

（菜例：板栗烧肉、白油青圆）

这类菜肴是以连皮的猪肉为主要原料，加作料和汤烧制而成。成菜后，都有菜红油亮、炽香可口、肥而不腻、咸鲜带甜的特点。这种风味就是咸甜味或者叫甜咸风味。咸甜味的调料是白糖、冰糖、盐、绍酒、姜、葱等。

其代表菜有东坡肉、红烧肉、樱桃肉、红枣煨肘、香糟肉、芝麻肘子、板栗烧鸡、红萝卜烧五花肉，等等。

代表菜中提到了红烧肉，也提到了樱桃肉。在一些人心目中，红烧肉就是樱桃肉，明明是一个菜，为什么要把它们分别开？实际上，红烧肉与樱桃肉是有区别的，区别在于大小不同。大小，主要反映在刀工处理上，以前的樱桃肉不是一个一个的，而是一串一串的。它是从皮子那面切十字花刀，但是又没有把肉切断，要留那么一点肉相连，吃的时候，用筷子一夹，肉块就掉下来了。相对而言，樱桃肉要比红烧肉小得多。后来有一种作为冷菜派生出来的樱桃肉，这种樱桃肉是把肥肉煮熟，切成丁块，裹上蛋液，一个一个地炸，炸熟后用番茄汁收起来，看上去，其肉一个一个十分像樱桃，仅从颜色、形状上讲，它比传统的樱桃肉还要像樱桃肉。

这些菜家庭比较常做，尤其是老年人喜欢吃甜的、炽的。以前，因为这些菜容易被人接受，所以不仅热菜中有，在冷菜中同样也有。譬如像以前的芝麻肉丝，就是带咸甜味的，还有像糖醋排骨，醋挥发以后，也带咸甜味，尽管它的名字叫糖醋排骨。

咸甜味型在此举两个菜例，一个荤，一个素，荤菜叫板栗烧肉，素菜叫白油青圆。

【板栗烧肉】

板栗烧肉的原料：五花肉 750 克，菜油 75 克，板栗 500 克，姜 15 克，葱 25 克，冰糖 200 克，酱油 15 克，盐 4 克，汤 1 250 克。

切配：

第一步，猪肉刮洗干净，放入开水锅中煮去血污后捞起来，切成约2厘米见方的块。

第二步，用刀切去板栗嘴，放进开水锅中煮，捞起去壳。板栗去掉嘴后再煮容易去掉壳。锅置旺火上，倒50克菜油进去，油烧至七成热时，把板栗倒进锅中炒。餐厅可以用油来炸板栗。炒至板栗颜色略略有点变深时把板栗铲起来。炒也好，炸也好，目的只有一个，那就是使成菜的板栗形状比较完整。有的人用罐头板栗做这个菜，这是不对的，因为罐头板栗一下锅就烂了。

第三步，把姜拍破，葱切成段。

烹制：

锅置旺火上，下菜油25克，放入50克冰糖，冰糖炒至呈深黄色时，把猪肉放进去同炒。加汤、加盐、加酱油，烧开后打去浮沫。下姜、葱，搅匀。把锅中的东西翻进不锈钢锅中，加冰糖150克，用小火慢慢地烧。烧到猪肉快㸆的时候，把板栗倒下去一起烧，板栗烧熟透且汤汁浓稠时，把姜、葱夹出来，菜盛入盘中成菜。

这道菜的风味特点是酥香可口，㸆而不烂，甜咸适宜。

做这道菜需要说明以下几点：

其一，猪肉也可以不煮，把肉切成块以后，在锅中放点油，直接将其爆炒一下也行。

其二，炒冰糖时火不宜太大，冰糖色呈深黄为好，冰糖炒得鼓大泡时要把锅端离火口，动作慢了谨防冰糖被炒过火。

其三，为了避免成菜颜色深，可以不加酱油。

其四，如法可以做板栗烧鸡。

【白油青圆】

白油青圆（刚上市的嫩豌豆谓之青圆）的原料：嫩豌豆250克，化猪油70克，白糖75克，胡椒面1克，盐2.5克，水豆粉30克，汤500克。

做这个菜基本上没有墩子上的加工，直接烹饪。炒锅置旺火上，下化猪油烧热，豌豆倒下去炒几下，掺汤，加盐、胡椒面、白糖焖烧。豌豆㸆时下水豆粉扯成清芡，起锅装碗。

白油青圆的风味特点是成菜汁白豆青，色泽美观，鲜嫩清香，咸甜适口。这个菜宜用调羹取食。

做这道菜需要说明以下两点：

其一，以前行业里做白油青圆有两种做法：一种做法是纯粹的咸鲜味，不加糖，有的还要加点肉末；另外一种做法就是咸甜味。

其二，如果不用白糖，那就是纯咸味，如果做咸鲜味，那么在菜起锅的时候可以适量加点化鸡油，让其色泽更好看。

乡土气息酸咸味

（菜例：泡菜鱼、酸菜鱿鱼汤）

酸咸味型的主要原料一个是泡菜，一个是酸菜。泡菜，是多种蔬菜用盐腌制而成的。

自古以来，泡菜在四川可以说是人人爱吃、家家会做。它的特点是质地脆爽，酸咸适口。四川人除常以它作佐餐外，还把它作为做菜的配料。最常用的泡菜有泡青菜、泡姜、泡辣椒。

酸菜，为叶用青菜和萝卜等制作的盐腌制品。为什么叫酸菜呢？因为它们腌渍的时间比较长，有的达一年以上，口感比泡菜酸，一般不宜直接食用。酸菜主要用于夏秋季节的汤菜，或者用作烧烩类菜式的配料和调味料。

无论是泡菜或酸菜，它们都有清热解暑、开胃解腻的作用。以席桌上的泡菜来讲，它还可以解腻，清口。夏季做的酸菜汤喝起来特别舒服，清热解暑、开胃爽口。对这种味型，我们既不好说它是泡菜味型，也不好说它是酸菜味型，我们把它概括为酸咸味型，也就是说它的酸味还略重于咸味。从广义上讲，这种味型可以归为家常味。但既然泡椒已纳入家常味，酸咸味又是比较浓重的一种味型，故而我们把酸咸味单列。

我认为，酸咸味应该是来源于农村，其乡土气息比较浓。以前在农村，做菜用的调料除了盐就是辣椒，用的酱油是用豆母子掺水熬的，醋基本上就没有，所以他们拌菜也好，烧菜也好，都喜欢用泡菜，甚至泡菜的盐水都是他们做菜用的作料。

酸咸味型的调料：泡菜或者酸菜，盐、醋、绍酒、胡椒、味精，有的酌加姜、葱和芝麻油。

代表菜有清汤酸菜海参、泡菜海参、酸菜鱿鱼汤、泡菜鱼肚、酸菜鳜鱼卷、泡菜鱼、酸萝卜炖老鸭、酸菜鱼火锅、酸菜鸭条，等等。

这是以酸菜或者泡菜这种风味为主的一类菜式。另外，还有一种是直接突出醋的酸味的酸咸味菜。这种菜式尽管不多，但是在川菜中也有，比较典型的有：醋熘鸡、醋熘白菜、韭黄肉丝以及醋熬猪头肉等。它们的酸味突出的是醋，而不是酸菜或者泡菜。

酸咸味型在此举两个菜例，一个是泡菜鱼，一个是酸菜鱿鱼汤。

泡菜鱼是一种烧烩类的菜，也是一道传统菜。

【泡菜鱼】

泡菜鱼的原料：鲜鱼1尾（约重500克），泡青菜100克，泡辣椒3根，姜25克，蒜25克，葱10克，酱油20克，盐1.5克，醋10克，醪糟汁50克，水豆粉75克，菜油100克，汤600克。

切配：

第一步，鱼剖腹，去鳞、去鳃、去内脏，用清水洗干净；在鱼身的两面用刀各划四五下，抹上盐。

第二步，将泡青菜切成长1.2厘米的丝，姜、蒜剁细，葱切成细花，泡辣椒去蒂、去籽，切成约0.3厘米长的短节。

烹制：

第一步，锅置旺火上，下菜油，烧至六成热时将鱼放入锅中煎，鱼两面煎成黄色后铲起来。

第二步，姜、蒜米子下锅炒香后掺汤，依次下盐、酱油、醪糟汁，最后下鱼；汤烧开以后，把泡青菜、泡辣椒放入，和匀后改用小火烧，烧八九分钟后，将鱼翻面再烧，总的烧制时间大约是20分钟。

第三步，鱼烧熟烧入味后下水豆粉收汁；起锅的时候，放醋和葱花，和匀装盘。这是家庭做泡菜鱼的方法。餐厅的做法是，先把鱼铲起来，锅里收汁，汁收好了，下葱花、醋，和匀，把汁浇到鱼身上挂起。

泡菜鱼是农村风味菜，为四川所独有的一道菜肴。它的风味特点是汁鲜鱼嫩，别有风味。

我认为酸咸味这种类型有很大的发展空间。酸菜或者泡菜作为配料也好，调料也好，在我国都是绝无仅有的，甚至在世界上也是绝无仅有的。

做这道菜需要说明以下几点：

其一，因为泡青菜是青菜帮，不是青菜叶，所以泡菜鱼虽然也有泡菜的风味，但是它的酸味并不是很重。正因为如此，这个菜在起锅的时候要搭一点醋进去，以补充其酸味。

其二，在鱼身上划刀不能划深了，大约进刀 0.2 厘米就行了。刀划深了，可能鱼还没有烧熟就烧烂了。

其三，放醋是为了弥补泡青菜帮的酸味不足，如果酸味够了就用不着放醋。用醋要酌情而定，灵活掌握。

【 酸菜鱿鱼汤 】

酸菜的汤很多，如餐厅经常烹制的酸菜鸡丝汤、酸菜肉丝汤、酸鸡丸、酸菜鱼等，都属于酸菜汤菜肴。

酸菜鱿鱼汤的原料：水发鱿鱼 300 克，泡酸菜 150 克，猪瘦肉 150克，姜、葱各 25 克，盐 1.5 克，胡椒面 1.5 克，味精 1 克。

切配：

水发鱿鱼用开水"过"两次。所谓"过"，是指用开水冲两次鱿鱼，或者是把鱿鱼放入盆中，倒进开水，让鱿鱼在开水中浸泡一下。这样做的目的是为了去掉鱿鱼身上的碱味。

第二，泡酸菜帮片成薄片，鱿鱼切成方块形，青菜叶留下备用；姜拍破，葱绾成把，用刀背把猪肉捶茸。用刀背捶，既可以拍松拍茸猪瘦肉，又不至于砍断猪肉纤维。取一个碗装猪肉茸，用一点清水把猪肉澥散。

烹制：

第一步，酸菜叶放进锅里，加姜、葱、胡椒面，放入 1 000 克清水，盖上锅盖，用旺火熬煮。不盖锅盖，水蒸气散发快，锅里水量迅速减少，会影响酸菜叶的熬煮效果。熬到青菜叶基本没有味道时，把姜、葱、青菜叶都捞出来。

第二步，汤再开时，把猪肉茸倒进锅里，用小火吊几分钟。煮青菜叶是用白开水，它本身没有鲜味，用猪肉茸吊一下，可以增加汤的鲜味。

第三步，将汤里的浮沫清除干净，加点盐，把酸菜帮放进锅里微熬煮一下，再把鱿鱼倒下去，煮 1 分钟后加胡椒面、味精，然后起锅装碗。

这道菜的风味特点是酸咸适口，鱿鱼柔嫩，适宜夏秋季食用。

做这道菜需要说明以下几点：

其一，泡菜叶子的味道一定要取尽，熬煮泡菜叶子的目的就是要取它的味，如果它带有一点盐水，连盐水都要倒进锅里一起熬。

其二，鱿鱼也可以不下锅，但是在走菜的时候，鱿鱼要在开水锅里过一道，烫过以后才能把它放进碗里。汤熬好后直接倒入碗中。因为汤里有盐，如果鱿鱼在锅里太久了，容易缩筋，容易烂，所以这个菜用的鱿鱼最好不下锅，包括酸辣鱿鱼都宜采用这个方法。

其三，如法可以做酸菜鸡丝汤、酸菜鱼片汤。这几样东西的主料都需要码芡。有的人是码蛋清豆粉，这有利有弊，蛋清豆粉的颜色好看，但口感不好。原因是容易翻硬，所以码芡用水豆粉就行了。以前，餐厅把鸡丝滑起来后是用冷水漂起，另外再做汤。如果是用鸡丝，青菜帮要撕成丝。

甜香甜美甜香味

（菜例：蜜汁八宝饭、玫魂茄饼）

川菜中的甜香味主要是用于甜菜和甜羹。在传统的川菜筵席中，甜羹有时甚至包括甜点，一般是在客人入座后饮酒前上，其所起的作用是我们常说的垫底、填心。甜菜则不一样，它是属于席桌"八大菜"中的"四大柱"之一，它的主要作用是解腻清口，所以它在席桌上一般都放在较后的位置上，位序是第七道菜，上了甜菜后才上汤菜。

川菜中的甜羹、甜菜品种非常丰富，有上百种。其所用的原材料，也有贵有贱，高到用燕窝，低到用鲜果、罐头，如用绿豆可以做绿豆羹，甚至用响皮煿掉油脂，切成细丝，加点冰糖，也可以做甜菜。

甜香味的调料，其一是白糖或者是冰糖，或者是蜂蜜。蜜制用的是蜂蜜，而冰制有两个概念：一个概念是指它用了冰糖；一个概念是指糖液冰冻过。像热天吃的冰汁枇杷，那就是冰冻过的，吃起来很凉爽。其二是蜜饯，譬如瓜仁、樱桃、橘红等。其三是醪糟汁。其四是糖渍鲜花，譬如蜜桂花、蜜玫瑰。其五是食用香精。食用香精有天然的尽量用天然的。

甜香味的风味特点是纯甜而香。其香味来源，有的是出自糖渍鲜花，有的是出自食用香精，有的则是源于炸后的油脂香。

其代表菜品有冰糖燕窝、冰糖刨花鱼肚、冰糖鱼脆。所谓刨花鱼肚，是指原料片得很薄；所谓鱼脆，是指姆鱼脑壳上的脆骨。还有银耳橘羹、玫瑰锅炸、八宝锅蒸、酥扁豆泥、雪花桃泥、蒸枣糕、八宝瓢梨、糯米丸子、蜜汁八宝饭、夹沙肉，等等。

这个味型在此举两个菜例，一个是蜜汁八宝饭，一个是玫瑰茄饼。

【蜜汁八宝饭】

蜜汁八宝饭的原料：糯米200克，红枣2个，百合20克，苡仁20克，莲米30克，瓜片20克，蜜樱桃20克，桂圆肉20克，橘红15克，蜂蜜50克，白糖75克，化猪油30克，水豆粉25克。

操作步骤：

第一步，糯米淘洗干净，装入碗中，上笼蒸熟；莲米去皮、去芯，与苡仁、百合同装入另一个碗中，加适量的清水，也放入笼中蒸熟；瓜片、橘红、桂圆肉、红枣（去核）分别切成约0.7厘米大小的丁。

第二步，把蒸熟的糯米从笼中取出，趁热加化猪油、白糖拌匀；把其他各种配料（除樱桃外）加进去一起再拌，拌匀以后装入蒸碗中，上笼蒸到糯米饭极𤆵的时候把蒸碗取出来，糯米饭扣入盘中，将樱桃嵌到糯米饭上。炒锅置旺火上，掺清水150克，下蜂蜜，待蜂蜜与水融合后，下水豆粉，扯成清芡，挂到八宝饭上。

这个八宝饭因为是用白糖拌的，所以颜色是白的，加上各种蜜饯的颜色相配，非常好看。八宝饭用的八宝，说穿了也是药材，这些药材的味不恶，都能吃。

蜜汁八宝饭的风味特色是𤆵软香甜，滋补保健。

做这个菜，有的人还要加点玫瑰或者桂花，名字叫桂花蜜汁八宝饭或者玫瑰蜜汁八宝饭。

做这道菜需要说明以下几点：

其一，糯米一定要蒸透心才能拌油、糖，蒸成了夹生饭，再想蒸过心就难。

其二，装蒸碗时，可以在碗底抹一点化猪油，碗底抹了油，最后翻盘饭不黏碗。

其三，用糖量要根据食者需要灵活掌握。我前面讲的用糖量是低量，想吃甜一点的人，可以适当增加一点糖。

其四，糖汁的浓稠度，以能黏附到八宝饭上为标准，糖汁浓稠的具体标准，以通常我们喊的跑马芡、清芡、米汤芡的浓稠度比较好。

其五，不挂汁直接撒糖也可以，不过名字该叫八宝饭。以前做这种八宝饭不是拌白糖而是拌红糖。红糖味要厚一些，颜色要深一点。

玩味川菜

113

【玫瑰茄饼】

玫瑰茄饼是一道传统甜菜。玫瑰茄饼的原料：鲜茄子 500 克，蜜玫瑰 20 克，白糖 100 克，红糖 50 克，面粉 25 克，鸡蛋 2 个，干豆粉 150 克，化猪油 50 克，菜油 500 克（大约耗 50 克）。

切配：

第一步，选粗细均匀的鲜茄子，去掉蒂把、茄皮，茄子削皮后大约有铜圆大小为好。将茄子切成厚 0.7 ~ 0.8 厘米的火夹片；蜜玫瑰剁细，加白糖、化猪油、面粉，揉匀作馅料；鸡蛋打入碗中，加干豆粉调成全蛋豆粉。

第二步，将玫瑰馅逐个填入茄夹，按平。

烹制：

第一步，锅置旺火上，下菜油烧至七成热时，逐个将茄夹放入全蛋豆粉中裹匀，下锅炸，当茄夹炸成金黄色时捞起来，滗干油，摆放于盘中。

第二步，锅洗干净，掺 100 克清水，加入 50 克红糖，用小火熬为较浓稠的糖汁，浇到茄夹上，这个菜就做成了。

这个菜的风味特点是清纯适口，酥嫩香甜。

做这道菜需要说明以下几点：

其一，茄夹不能切得太薄或者太厚。太薄，吃不到茄子的味道；太厚，填馅不方便。

其二，可以不挂汁，直接撒糖。

其三，按照这种方法还可以做玫瑰藕盒，做法是，用藕夹馅，裹全蛋豆粉后再炸。

话说 家常菜

好吃莫过家常菜

这里所说的家常菜，是指老百姓居家过日子常做、常吃的一些菜。它与行业内所说的家常菜有些不一样。

老百姓做家常菜与餐馆里做家常菜有相同的地方。

其一，都讲究选料；其二，都讲究刀工；其三，都讲究火候；其四，都讲究调味。

两者又有不同的地方。

家庭做菜力求简单方便，工艺不能太繁杂，要求上也不过于严格。

家庭做菜要求刀工既不现实，也没有必要。做菜大多希望用比较简单的方法，在比较短的时间内做出味美可口的菜来，只要达到这个目的就满意了。所以，家庭做家常菜往往给人的感觉比较粗犷。

有一句老话说："食无定味，适口者珍。"意思是说，人吃的饮食没有固定的味，只要适合自己的口味就是好菜。由此可见，家庭做菜随意性大，完全可以按照自己的口味、喜好对菜肴的风味进行调制。当然，家庭做菜也要遵从一定的原则，比如鱼香味、咸鲜味，要尊重相关的原则。至于用料的轻重，完全可以根据自己的需要来处理。

做家常菜常用的原料，动物性的有鸡、鸭、鱼、肉；植物性的有蔬、菽、菌、笋等。蔬，是指蔬菜；菽，是指豆类，包括豆制品；菌，是指各种干菌、鲜菌；笋，是指竹笋。现在海产品和其干货也进入了家庭。

做家常菜应该经常备用的调味品和油脂有哪些，许多人似乎不太清楚。其实，做川菜的调味品并不是很复杂，如果说复杂，那也是人为把它搞复杂了。造成复杂的一个原因是，现在大量外地调味品涌进四川，从某一个层面上讲，外地调味品不仅没有起到丰富川菜各种味型变化的作用；相反，还对川菜的味型产生了冲击作用。也就是我经常说的一句话，把原本简单的事搞复杂化了。比如，以前做一些川菜品种，只需三四种调料就可以体现应有的风味，现在做同样品种的川菜，竟用了六七个品种的调料，甚至用七八个以上品种的调料。

家庭做家常菜常备的调味品、油脂大致应该有以下几种：

常备的调味品有盐、酱油、醋、白糖、豆瓣、胡椒面、豆粉、干辣椒（包括干辣椒面）、花椒（包括花椒面）、味精。

常备的油脂有化猪油、菜油或调和油。调和油是由多种植物油调和而成的油。

还有被我们称为小料子（小宾俏）的原料，包括姜、葱、蒜、泡辣椒，还有泡青菜、泡姜、老泡菜。隔年泡菜、陈年泡菜统称老泡菜。老泡菜的酸味比较重。夏秋季用老泡菜做的菜，有清热、解暑的功能，吃起来味道也比较爽口。老泡菜是比较特殊的一种调辅料，有，当然好，没有，也无所谓。但上面提到的其他调料，家庭做菜一般平时都应该有准备。至于一些比较特殊的东西，临用前准备也来得及。比如炒回锅肉用的甜面酱，炒盐煎肉用的豆豉，就用不着经常准备着，临时买都可以。一则，这些东西临用前采购时间上来得及；二则，这些东西并非是家里做菜经常要用的调料，买回家里放久了，调味效果反而不如新鲜的好。

家常菜分两大类。

第一类是冷菜。

家庭做菜，冷菜做得最多的是凉拌菜。虽然也有少量的炸收菜，比如有的家庭做点糖醋排骨，有的家庭做点陈皮肉。但从量上说还是比较小，量大的仍然是凉拌菜，不管是荤的还是素的，或者荤素并举的。

第二类是热菜。

家庭做热菜，其烹制方法主要有炒、熘、烧、烩、蒸、炖，以及所谓的氽、煮，比如氽丸子、氽肉片。这些烹制方法都是家庭做菜常用的方法。

做家常菜的原料在选择和应用上应该注意两点：

第一，要保持原料的鲜活、卫生、营养。

所谓保持原料的鲜活，是指鸡、鸭、鱼、肉等动物性原料，点杀，是保持其保鲜活的重要手段。所谓保持原料的新鲜，这里所说的原料主要是指蔬菜，要新鲜。保持原料的卫生是一个很重要的问题，家庭做菜务必要将蔬菜进行认真漂洗，避免受到残留农药的伤害。保持原料的营养同样是一个重要的问题，一定要选鲜活、卫生又富有营养的原材料。

第二点，做菜的原材料都有自己包含的营养成分，因此在原料的应用上要注意两点：①要考虑营养成分的科学搭配，在加工环节上要注意尽量不损伤原料的营养成分。②使用原料要尽量做到物尽其用，凡是能用的原材料都要尽量用。比如芹菜，芹菜秆做了菜，芹菜叶也可以做菜，不要丢了；萝卜做菜削下来的萝卜皮，淘洗干净晾干后可以做泡菜。记得我小的时候，家里将剥下的菜脑壳皮上的硬筋削掉后，用来做泡菜吃。

无论是家庭做菜还是餐馆做菜，每一个菜的构成有三个部分：主料、配料、调料（包括油脂）。

主料，是指突出这一道菜主体的原料。

配料，是指相配主料和衬托主料的原料，"红花还要绿叶配"，做菜也要讲相配成趣。

调料，是指体现这道菜风味所用的调味品。

以白油肉片为例，这道菜是咸鲜味。猪肉片就是这道菜的主料；青笋片、木耳是这道菜的配料；姜片、蒜片、泡辣椒、葱节，这四样也叫配料，或叫小配料，也就是行业内称的小料子（小宾俏）。这道菜还要加点盐、味精，勾点水豆粉，这三种调味品叫调料。做这道菜所用的油，行业内习惯用混合油，比例是 2/3 的植物油，1/3 的猪油。油也是调料。有一些菜肴不用配料，比如炒素菜，顶多加点干辣椒、花椒。辣椒、花椒在菜里并不担当配料的角色，它们作为调料使用。如果炒的是青椒土豆丝，那么土豆丝就是主料，青椒是配料。

这里结合菜例谈具体的烹饪方法、操作程序及其操作中的一些关键技术。

下面先从热菜说起。

说"炒"

家常菜的热菜主要的烹制方法是炒、熘、烧、烩、蒸、炖。炒，是家常菜最普遍的一种烹饪方法，所以人们常爱说家庭做菜是炒菜，由此也可见，炒这种烹制方法在家庭做菜中用得最多。

炒这种烹饪方法有一个显著特点：成菜迅速。营养学家认为，炒是比较科学的一种烹饪方法，因为它加热时间不长，成菜迅速，所以对原料包含的营养成分破坏极小，也因为这个原因，营养学家提倡做菜多用炒的方法。技术熟练的老师傅炒菜是以秒计算时间，炒制成一份菜，少则用十几秒，多也不过半分钟，真是眨眼工夫菜就起锅了。家庭炒菜受条件限制，也受烹饪者技术水平的限制，达不到专业厨师那样高的水平，但多实践是可以提高的。

家庭做炒菜大概可以分为以下三种：

第一种，炒荤菜。

所谓荤菜，是指以动物性原料为主的菜肴。说直白点，就是炒荤菜不是说只用肉，不用素料，荤素搭配也是合理膳食中非常重要的要求。

即便是做我们说的纯荤菜，里面也要加一些蔬菜，只不过是以荤料为主，素料为辅罢了。

第二种，炒俏荤菜。

俏荤菜是家庭做得比较多的菜肴。俏荤菜是以素料为主、荤料为辅的菜。比如芹菜肉丝，肉少一些，芹菜多一些；又比如白油肉片，是肉多，青笋少，如果把菜中肉与青笋的比例颠倒，变成青笋多、肉片少，我们则称它青笋肉片；再比如炒野鸡红，纯粹是素菜，如果加点牛肉丝进去，那又该叫野鸡红炒牛肉，变成俏荤菜了。

第三种，炒素菜。

炒素菜纯粹是素料炒的菜。它的构成有单一成分的，也有多种成分的。单一成分的素菜，如炝白油菜，也有两种成分的素菜，如青椒土豆丝、芹菜炒豆腐干等。不管它的成分是单一的也好，是多种成分组成的也好，都离不了一个"素"字。还有番茄炒鸡蛋，蛋究竟是荤还是素，反正还没有定论，我们姑且把它当作素料来做。

家庭炒菜与行业内炒菜在分类上有一定区别。

行业内炒菜要分滑炒、小炒、软炒、贴锅炒等，是根据炒的方法来进行分类。所谓软炒，比如炒鸡蛋就是软炒。再说明白点，凡原料成糊状或者呈流态，用炒制的方法成菜，便谓之软炒。

而家常菜炒菜是结合家常炒菜用料的实际情况来进行的分类，如果硬要按照行业的规矩来分类，家庭炒菜的方法应该归属于小炒范围。

下面讲一讲家常炒菜的具体菜例。先讲炒荤菜。炒荤菜的第一个菜例是白油肉片。

白油肉片的烹调方法

白油肉片，有些人家又叫它滑肉片。家庭做白油肉片，我见过两种做法：一种是浅色或者说纯粹就是白色；另一种颜色较深一点，色深一点的原因是搭了一点酱油进去。两种白油肉片各有各的风味，可以根据自己的习惯来确定做哪一种。它既然名曰"白油"，用以前行业的话讲，就不是用菜油而是用猪油来炒制的。我认为用混合油来炒更好。

家庭炒荤菜或者炒俏荤菜有两点要求：

第一，建议用混合油，猪油与植物油合在一起用，比例可以是 2/3 或 1/3。

第二，准备一个滋汁碗，用来勾对滋汁。用滋汁碗有两个好处：其一，容易把味拿准；其二，也是关键的，能缩短原料在锅中的加热时间。

我见过许多名厨师做菜，他们都有自己用的滋汁碗，都是自己对汁。对滋汁的主要调料是盐、酱油、醋、糖、味精、水豆粉。

白油肉片的主料是猪肉，要有适量的肥肉，最好是肥瘦相连的肉，即瘦肉占 3/4，肥肉占 1/4，如腿子肉。其配料有青笋片、水发木耳。在比例上，如果是做"硬荤菜"，也就是通俗话讲的荤菜，青笋片就不能多于肉片，如果肉片 250 克，那青笋片最多用 100 克；水发木耳经过发制后，也用 100 克就差不多了，用手抓一撮就行了。

这道菜用的小宾俏有：姜片子、蒜片子，葱白切成约 2 厘米的节，或切成马耳朵形。马耳朵形的葱节、泡辣椒要好看一些。炒一份菜，蒜片子只用一个大独蒜的量就够了，如果是瓣瓣蒜，可以用两个大瓣瓣蒜的量，也可以用 3 个小瓣瓣蒜的量；姜片子用量大约为 50 克，要刮净姜皮切片；泡辣椒大的用 1 根，小的用两根。

炒这道菜前有三个步骤：

第一步，给青笋片码盐。

为啥要给青笋片码盐？其一，是为了给青笋一个基本味。其二，盐可以把青笋里的涩水"逼"出来。其三，码过盐的青笋片成菜后，吃起来要脆一些。到餐厅吃饭，如果发现肉片有味而青笋片却没有味，那肯定是少了青笋片码盐这道程序。

第二步，肉片要码味、码芡。

如果原料是瘦肉多，可以先给肉加点盐、清水、姜片子拌匀。加清水的目的是要增加肉的嫩度,肉嫩不嫩关键是看含水量够不够,特别是瘦肉。当然,水也要适量。以前行业内习惯将肉丝、肉片切好后放进水里漂两三分钟,目的也是让肉吸点水进去,以提高其嫩度。家庭做这类菜没有必要将肉用水漂,直接加点清水、盐、姜片子与肉拌匀就行了。那么,为啥此时要加姜片子呢?姜片子的作用是除异增香,如果此时不把姜片子与肉拌到一起,姜除肉腥味的作用就不能充分地发挥出来,给肉片增香的作用也不能充分地发挥出来,这就是行业里说的"码味"。

码味有两个好处,一是给原料一个基本味。你在实践中可以体会一下,码点盐给了底味的原料成菜以后,肉嚼到最后都有味道;反之,如果先不给原料码点盐,成菜以后,肉越嚼越觉得没有味。也许你会问,滋汁不是有味么?滋汁是有味,但它只是在原料的表面附着一层味,其味并没有渗进肉里。再强调一下,炒动物性原料如猪肉、牛肉、鸡肉,炒菜前都要给原料码味,并给码了味的原料加点水豆粉拌匀。以前行业内把这叫作码芡,现在外地餐饮业把这叫作上浆。芡要码匀,码至原料不吐水了为准,也就是基本要达到芡与水融合到一起的程度。如果想菜再带点色,那就码了芡以后加点酱油再码一道。上了色的原料,菜又是一种风味。上好色的白油肉片起锅时还可以搭点醋进去,青笋片很服醋。如果你喜欢白油肉片是纯白色,那就不要搭醋进去了。

第三步,对滋汁。

滋汁的成分要看想把菜做成什么色,如果是做浅色菜,那就只需要加点盐、味精、水豆粉,掺点汤;如果是有色的菜,那就要搭点酱油,滴几滴醋进去。

准备工作做完就该炒菜了。一般来讲,炒菜的油温都不宜太高,用行话说就是六成热油温比较合适。

油温共分十成,以菜油燃点300℃为最高,即十成油温,每一成油温幅度为25℃~30℃。做菜要求的油温最低为三成,也就是75℃~85℃;最高为八成,也就是不能高过250℃。换一种说法就是做菜通常在三成油温至八成油温之间进行。九成、十成油温都接近燃点了,根本不能做菜;一二成油温太低,也不能做菜;七八成油温是高油温,用于炸制和火爆;炒菜大多是在六成油温以下。油温的高低不好鉴定,得凭经验,完全要靠烹饪者自己掌握。做菜还牵涉锅的种类,现在用的锅有生铁锅、熟铁锅、不粘锅,不管你用哪种锅,都必须把锅整治干净。

锅烧热后，先下菜油或其他植物油，待菜油或植物油烧热后再下猪油，如果是冬天，不等猪油热化完就将肉片下到锅里，猪油化完了才下肉片，油温就高了；如果是热天，将猪油下锅时即下肉片，冷猪油刚下到锅里时油温会自然下降一些，这时的油温正适合炒肉片。肉片下到锅里别忙炒动，让它稍微受一点热，然后用炒铲轻轻地把肉片拨开。如果你怕肉片打不散，影响菜的质量，教你一个办法，即在肉片码芡时可以加点调和油将其拌匀。加了油的肉片炒制时不易相互粘连。不仅肉片可以用这个办法，肉丝或其他肉原料，在炒制前都可以用这个办法来避免原料粘连。

肉片刚下锅时为啥不宜立即铲炒？原因是，让肉片在锅里受了热才炒制不易脱芡，肉片一下锅马上铲炒，码在肉片上的芡很可能会被铲炒掉，那样成菜便成了糊汤，很难看，肉片吃到嘴里也不滑嫩。肉片脱了芡，再下配料，配料又多少要吐点水，结果菜就真成了胡辣汤，肉片也变成了老肉片，菜名因此也得改，应该叫白油老肉片。

肉片受热滑散后，用炒铲将肉片划到锅边，让锅中心位置空出来，把青笋片、耳子倒入锅中单炒，青笋片、耳子炒熟后把肉片推下去，与青笋片、耳子合炒。葱、泡辣椒可以先放，也可以后放，先放还是后放对菜都不会产生大的影响。将滋汁搅匀，掺点汤，顺着锅边或直接把滋汁烹下去，再把各种材料炒匀。这时你会发现，菜开始收汁吐油，此时菜就该起锅了。

我把做这道菜的程序讲得很细，其实做这道菜真正用的时间可能还不到我讲这些所用时间的1/10。

有些人炒这个菜喜欢搭点酱油和醋。酱油有酱油的特殊风味，青笋也比较服醋。如果把这个菜引申，举一反三，可以加点豆瓣，但那就不能叫白油肉片了，也不能叫滑肉片，可以给它起一个名字，叫家常肉片。如果想搭点豆瓣，将肉片滑散后，将就其放出来的油把豆瓣炒香。豆瓣用量不宜大，现在的豆瓣都偏咸。炒了豆瓣才炒青笋片、耳子，青笋片、耳子炒好了再把肉片推下去合炒。有人也许会问，为啥受热滑散了的肉片要划到锅边？第一，锅边的油温低一些，可以避免肉片受热过度变老，同时，锅边又能对肉片起保温的作用。先把肉片铲起来可不可以？当然可以。不过，把肉片铲起来，既多一层麻烦，肉也会冷。第二，配料中的蔬菜多少都含有水分，配料的水分如果与肉片一作用，可能会造成肉片脱芡。青笋片、木耳子炒熟了，大量水分已经汽化掉，这时再合炒可以免除肉片脱芡。

这种烹制肉片的方法，家常味的可以，纯粹白油味或带一点酱油色的白油味也可以，总之，家庭做菜比较随意，叫白油肉片、家常肉片或者叫炒肉片都可以。一句话，自己做来自己吃的菜用不着太拘泥。

辣子鸡与宫保鸡

炒荤菜的第二个菜例是辣子鸡。

辣子鸡是一道传统菜。

辣子鸡的主料：鸡的腿子肉。把鸡腿肉的骨头取掉，鸡皮的一面贴墩子，鸡腿肉铺开，用后刀尖在鸡肉上戳，横着纹路戳。戳的目的在于戳断鸡腿肉里的筋，如果鸡腿肉不断筋，成菜后不好看，当然，最主要的目的是便于食用。之后将鸡腿肉宰成约1.3厘米见方的丁。

辣子鸡的配料是青笋丁。以前做这道菜的配料是慈姑。青笋丁应比鸡丁略小一点。同样，要给青笋丁码一点盐。它的料子（小宾俏）有姜片子、蒜片子、葱弹子。所谓葱弹子，是指葱的长度与直径的长度差不多。葱弹子还有一种叫法，叫"礤墩葱"，是说那葱弹子形似庙宇里承重大圆柱的那块石座。还要用泡辣椒，泡辣椒在这道菜里是作为调味品，这道菜要靠泡辣椒来体现风味。将泡辣椒的蒂去掉，讲究点的还要去掉泡辣椒籽，把泡辣椒铡细。

用料比例，如果鸡丁以250克重计算，青笋丁大约100克；大的泡辣椒至少要用6根，除蒂去籽铡茸。滋汁碗里放盐、味精、酱油、醋、糖。糖、醋应少许，也就是我们通常所说的放糖吃不到甜味，放醋略带点酸味。如果不用泡辣椒，改用豆瓣也可以。用豆瓣与用泡辣椒，风味上略有不同。当然，有条件的还是用泡辣椒好。这道菜跟做其他炒菜一样，要码味、码芡。在码鸡丁的时候也要把姜、蒜片子加进去。

烹制辣子鸡与前面炒菜的烹制方法一样。鸡丁炒散，划到锅边，空出锅中心，炒泡辣椒，炒出颜色，炒出香味，把青笋丁倒进去，葱弹子撒下去合炒，然后烹滋汁。这个菜炒出来红、绿、白相间，鸡丁吃起来滑爽。

炒荤菜要注意一个问题，除了使用混合油以外还要掌握好油的用量，放油不宜多。如何掌握好放油量？我给大家介绍一种方法，油煎热，把主料倒下去炒散后，锅里剩的油相当于用油量的 1/5~1/4 的量便合适了，如果渗透出来的油多，那表明放的油量多了。以前老师傅炒菜，锅里几乎看不见渗透出来的油，当把菜划到锅边时才流一点油出来，这种用油量那才叫掌握得好。其实，靠锅里菜渗透出来的那点油足可以把配料炒熟。菜炒熟了，滋汁烹下去，汁收浓了菜才开始慢慢地吐点油出来。行业内把这叫作统汁、统味。吃这样的菜绝对很巴味。油多了，汁无法统，特别是小宾俏，根本巴不上去。因此，无论炒什么菜，关键的是用油量一定要合适。有些人炒菜，主料都滑散了，油还把菜淹着，那显然油就用多了。

把辣子鸡中的鸡丁换成肉丁，便变成了辣子肉丁。做辣子肉丁有一个要求，不能用肥肉，基本上是用净瘦肉，也用不着用后刀尖去戳肉，因为猪肉筋没有鸡肉筋那么老。辣子肉丁的做法与辣子鸡的做法完全一样。如果不剁泡辣椒茸，改切成马耳朵，葱也切成马耳朵，备姜、蒜片子，青笋切成梳子背，其块头比鸡丁大点，鸡丁也可以切大一点，滋汁里不要放糖，把醋用重点，用这种方法制作出来的菜叫醋熘鸡。醋熘鸡以咸鲜味为主，带有醋的浓郁香味。

炒这些菜不一定用土鸡，用肉鸡就可以了，肉鸡肉嫩。如果只是做一道鸡菜，便用不着点杀一只全鸡，买只鸡腿回来就够了。

宫保鸡的做法与前面的菜一样，只是配料改用花生米，行业内是用油炸花生米。家庭做这个菜用不着专门做油炸花生米，到市场去买点带壳的炒花生回来，把花生壳剥掉就可以用了，或者买油酥花生米，像成都以前卖的芙蓉花生、八号花生等白味花生米都行，不能用盐花生米。它的小料子是葱弹子、姜片子、蒜片子、干辣椒节，其大小与鸡丁大小差不多，另外还有干花椒。滋汁碗里放盐、酱油、糖、味精、醋、水豆粉。鸡丁码芡时可以加点酱油。有的人炒这个菜只用一小撮干辣椒，那不行，干辣椒量少了，味道出不来；有的人炒这个菜是鸡丁炒散了才把干辣椒、花椒放进去，那样味道也炝不出来。

这个菜的正确烹制方法：比如炒一份宫保鸡用 250 克鸡肉，那么干辣椒至少要用 50 克，花椒用二三十颗。油烧热了，先下干辣椒节子，接着下花椒用油炸。炸干辣椒、花椒的油温不能太高，油温太高就煳了。

如果觉得油温高了，可以把火关一下，让油温降下来。按照以前的行业标准，干辣椒炸到呈偷油婆（蟑螂）色，就算炸好了。这时就可以把码过味、码过芡的鸡丁倒下去一起炒。把鸡丁炒散后将葱弹子、姜片子、蒜片子倒进去，然后烹滋汁。待滋汁收浓，菜快起锅时把花生米倒进去炒匀就可起锅。花生米不能下锅早了，否则易回软，回软的花生米吃起来不脆香。有一些老师傅炒这个菜，在滋汁碗里还要加一点香油，给菜增加一点香味，这样做也可以。宫保鸡的风味是煳辣荔枝味，就是能吃到它的煳辣味，同时又能感受到酸甜酸甜的味。因此，做宫保鸡比做辣子鸡用的糖醋分量要重一点，也就是说要吃得出酸甜味来。

家庭炒菜要根据量的多少来确定滋汁的用量，滋汁对多了，菜炒出来是糊的。我在家里炒菜，对滋汁用的是小汤碗。用小调羹舀 1/3 调羹盐，舀不到 1/3 调羹味精，舀半调羹的豆粉，掺上汤后，总量还占不到小汤碗容积的 1/8。之所以要求滋汁不能多，是因为有些原料已经码过味，加上豆瓣又咸，泡辣椒也有味，勾滋汁，只是对味的补充，目的是要把味统到主料的表层，以体现风味。有些人炒一份菜，滋汁对了大半碗，一下去便成汤。要根据情况灵活掌握，觉得味少了，可以舀点汤或水把滋汁碗涮一下，把汤汁倒进菜里，味就上来了。

烹滋汁有两种方法，一种是将滋汁顺锅边梭流下去，另一种是用炒铲把菜的中间刨出一个空位来，将滋汁倒进空位中，再把菜炒匀。两种烹滋汁的方法完全根据各人的习惯。烹滋汁的目的是把汁收浓，汁收浓了味才巴得上。

味精一般是烹滋汁时放。味精下早了，加热时间一长会发生质变，成为有害物质。把味精对入滋汁中，滋汁又是最后才下锅，味精在锅里的时间很短，就不会发生质变。

鱼香肉片与家常牛肉丝

鱼香味是川菜中很有特点的一种风味。

其实，夏天一些家庭激胡豆，用的便是鱼香味。一些家庭熘鱼，就不用姜、蒜米子，而是用姜、蒜片子，葱节子。味虽然不浓，但成分构成基本上还是与鱼香味正规用料差不多。有些家庭做的鱼香味菜为啥不浓，这与在原料的使用上或者加工上不太规范有一定关系。我们知道，姜、蒜片子就不如姜、蒜米子出味出得好。

做鱼香肉片的前期工作与做白油肉片的前期工作一样，要选肥瘦相连的猪肉。码芡、码味最好加姜汁，不用姜米子。如果想用点绍酒，那也可以。

大众化鱼香肉片用的配料是青笋片、木耳。青笋片仍然要码盐。这个菜的小料子包括姜、蒜米子，葱花，泡辣椒茸，离开了这四样便不能称为鱼香味。它的滋汁要加盐、糖、醋、味精、水豆粉。烹滋汁前加点汤进去调匀。

按照以前老师傅们的说法，蒜是避鱼腥味的，姜是避血腥味的，醋是避毛腥味的。

带皮的猪肘子、猪蹄子、猪头肉，皮子都比较厚，都适宜用醋，无论是拌姜汁味的也好，还是拌其他味的也好，都要搭点醋进去，吃起来味道就是不一样。皮子多的猪肉毛腥味都比较重，加了姜、醋碟子，毛腥味就基本感觉不到了，吃起来要爽口得多，比蘸豆瓣、酱油碟子要好吃得多。猪头肉即便是拌红油味的，也要搭点醋进去，有的人甚至还要去点糖。姜避血腥味的道理可以讲一个典型的菜——熘血旺，这道菜如果不放姜，血旺不好吃，只要姜放够了，血旺就好吃得多。在餐馆，即便是烧血旺汤，哪怕吃咸鲜味，也要把姜放够。家庭煮肉、烧肉为啥要放姜，也是为了避血腥味，放不放姜，做出来的味道是两回事。

做鱼多数时候可以不用姜，但蒜则不能少，有的鱼菜就是纯用蒜做成的，如大蒜鲢鱼、大蒜鳝鱼等。因此，烹制鱼香味的菜要重用蒜，它与老姜的比例一般是 2∶1。

做鱼香肉片要用泡辣椒，如果没有泡辣椒用豆瓣也可以。它的风味是咸、辣、酸、甜，香味浓郁。之所以香味浓郁，是因为它使用了姜、葱、蒜，这三样东西都带有芳香物质。有的人做鱼香味的菜还要撒花椒进去，那不对，这道菜本身就不需要麻味，它只有四味调和——咸、辣、酸、甜，不是五味调和——咸、辣、酸、甜、麻。五味调和，那叫怪味。

做鱼香味这种菜要掌握的关键是各种调料，包括刚才说的姜、葱、蒜、泡红辣椒所用的比例和使用方法。如用猪肝，就可以做鱼香肝片；炸熘的可以做鱼香八块鸡。关键要把鱼香味拿准，它这个甜酸味不是很浓，就是我们常说的小甜酸，微微有点甜酸味，甜味重了就不叫荔枝味了，那该叫糖醋味才对。

我讲了五个荤菜，有鸡肉、猪肉、牛肉。荤菜品种很多，我只是举了几个例子。在这些菜中，有的要码芡、码味，有的又不需要码芡、码味，码芡、码味是为了保持原料的鲜味、嫩度，码芡还有一个好处，可以最大限度地保存原料的营养成分；不码芡、码味的，是要体现原料的干香，像盐煎肉，就是炒得干香干香的。

再举一个菜例：家常牛肉丝。

做家常牛肉丝，主料是精牛肉。先片牛肉，不是从肉块的上方开始片，而是从牛肉块的下方开始片。用一只手掌按住肉块，另一只手持刀，以竹筷头粗细的厚度，从下方一层一层地片上来。将牛肉切成二粗丝，比竹筷头细一点，长度约9厘米。切牛肉丝要顺着筋路切，不能横切，横切出来的牛肉丝下锅一炒就断，因为肉的筋路被切断了。

这道菜的配料是芹菜，芹菜用秆不用叶。将芹菜切成约6厘米长的节，码一点盐。切一点老姜丝和牛肉丝一起码。因为牛肉是净瘦肉，所以比猪肉的吃水量大一些，码时添点盐、加点清水，然后把牛肉丝和姜丝拌匀。按照有些资料的说法，肉切好以后放进清水里漂一下，水里要加一点食用碱。肉漂几分钟后捞起来再码味、码芡。家庭做这个菜，肉也可以不漂。

现在行业里做牛肉菜大量使用嫩肉粉，肉倒是嫩了，但已经吃不到牛肉的味道了。

牛肉丝也要码水豆粉，它与肉片码水豆粉的道理一样，也要对滋汁，滋汁包括盐、酱油、味精，再加一点醋，因为芹菜也比较服醋。我常说，当厨师的只要把糖和醋用好了，那是你的技术已经提升的一个标志。但这道菜用醋不能太重，几滴就行了。

家常牛肉丝的炒法与白油肉片的炒法一样。芹菜码了盐，等一部分涩水出来后用清水冲一下，将芹菜水分用手挤一挤。肉丝炒散了后划到锅边，用锅中心炒豆瓣，豆瓣炒熟、炒香后下芹菜炒断生。断生，用通俗的话来解释就是刚刚熟。此时把牛肉丝推下去炒匀，然后烹滋汁，汁一收浓菜就起锅。

有人可能会问这道菜为啥也要去点醋？因为醋起和味的作用。芹菜炒牛肉要吃家常味才有意思。不搭豆瓣也可以，可以吃咸鲜味，只要滋汁里去点酱油、醋就行了。

盐煎肉和回锅肉

前面讲的荤菜主料都是码了芡的，成品要求质地滑嫩，而盐煎肉则不需码芡，直接在锅内煸炒而成。那么它的成品质感是什么呢？是滋润干香。

我曾问过一些人，为啥叫它盐煎肉？锦江宾馆的老师傅张德善回答道："以前这个菜不叫盐煎肉，名曰煎盐肉，是用盐肉来做的。"这是一种说法。

盐肉味比较重。盐肉是鲜肉储存保管的一种手段，鲜肉多了，放久了会腐烂变质，用盐渍肉，可以保证肉在较长的时间内不变质。因为这个原因，用盐肉做菜，先要将肉放清水中泡，以退去肉中的部分盐，不然菜做出来会很咸。

另外一种说法是成都市荣乐园曾国华师傅讲的，他说："以前炒这个菜，是先放盐，也就是说菜在煸炒的时候就要去点盐。"

曾师傅的这个观点我同意。实际上，做盐煎肉是先给原料一个基本味，只不过不是码盐而已。盐煎肉与回锅肉在行业内叫姊妹菜。之所以称为姊妹菜，是因为它们除了原料一个是生的，一个是熟的，一个瘦点，一个肥点，一个无皮，一个有皮以外，其他用料、作料都基本相同。不过，我们仔细来分析一下，盐煎肉与回锅肉在用料上和作料的使用上仍然有一定区别。

回锅肉是肥肉多，瘦肉少，肥肉服酱，烹制时要用甜酱，甜酱在菜里起解腻的作用，使肥肉吃起来又香又不腻人。吃烤猪、烤鸭，用甜酱都可以改油、解腻。有一道菜叫酱爆肉，所用作料就是甜酱，菜炒出来很好吃。

盐煎肉是瘦肉多，肥肉少，烹制时需用豆豉，不宜用甜酱，因甜酱不易裹匀瘦肉，肉吃起来口感不舒服。盐煎肉与回锅肉的肥瘦肉比例不一样，因此调料使用也应该有所区别。

回锅肉是靠酱来体现风味，盐煎肉是靠豆豉来体现风味。

有些厨师炒回锅肉，又加甜酱又加豆豉，炒盐煎肉也如此。甜酱没打散，有的肉片裹到甜酱，有的肉片又没有裹到甜酱，入口并不好吃。盐煎肉还不同于酱肉丝，酱肉丝是滑炒，让酱巴上肉丝很容易。盐煎肉是煎、炒结合的菜，想让每一片肉都巴上酱很不容易，弄不好，有的肉片酱很厚，而有些肉片又没有巴上酱，结果炒出来的盐煎肉不伦不类。

盐煎肉要选带肥肉的，不能用净瘦肉，否则口感干渣渣的，一点不滋润。用行业内老师傅们的话说，有点肥肉，炒出来的盐煎肉才酥香。这里所说的"酥"，不是酥脆的"酥"，是讲的滋润，吃起来不顶牙。

盐煎肉的配料主要是蒜苗，这个菜不需要对滋汁。第一，它本身不需要"穿衣服"；第二，它本身也不需要用芡。

盐煎肉关键在煸炒，要煸到看不见水汽，开始吐油为止。

有些资料上讲要煸干水分。你咋个可能把水分都煸干？当看到锅中肉不飘水汽时，用炒铲在肉中心刨出一个空位来，炒豆瓣、豆豉，再将肉推下去合炒，炒匀后下蒜苗。蒜苗下去以后，尝一尝菜的咸味够不够，如果咸味已经够了，其他调料就可以不加；如果觉得味道不够，适当加点酱也可以，但绝对不能去糖。许多人炒这个菜要去糖，这是受炒回锅肉的影响，现在的甜酱不甜，为了增加甜度，所以放糖，而且糖还放得重，吃起来菜带甜味。盐煎肉归属家常味，咸鲜带辣，味里不应该反映出甜味来。如果做出来的菜味大了，可以去点味精，味精可以解一点咸味，其他东西就不要再加了。

复合味的菜，也就是几种味合在一起的菜，要考虑各种调味品自身的特点，全面兼顾。

蒜薹鸡丝和韭黄肉丝

上面说的几个菜都是荤菜，行业内又叫硬荤菜，下面给大家讲一讲俏荤菜。

啥叫俏荤菜？把荤素主料与辅料的比例颠倒过来，变成素的多、荤的少就成了俏荤菜。

许多讲究吃的人都是以吃俏荤菜为主，因为俏荤菜可以摄取的时鲜蔬菜多，对健康有好处。

炒俏荤菜，荤素原料用量的大致比例还是不能悬殊太大，比如500克蔬菜，只用50克肉，那不叫俏荤，叫点缀。我认为荤素原料的比例至少应该是三七开。

举例讲炒蒜薹鸡丝。

严格来说，炒蒜薹鸡丝用的是以炒带点熘的方式，是滑炒的手法，是滑与炒相结合。要把鸡丝滑起来再炒蒜薹，蒜薹炒好了又才把鸡丝倒进去合炒，这样才能保证鸡丝的鲜嫩。刚上市的蒜薹虽然容易熟，但如果一开始便将鸡丝与蒜薹合在一起炒，鸡丝容易炒烂。现在许多人在使用熘的方法时往往走入歧途，他们是拿蛋清去调干豆粉，先把鸡丝码点盐，就把蛋清放进去，然后用干豆粉去拌。纯粹用蛋清豆粉做出来的菜，其最大的缺点是菜稍微一冷就翻硬。这个菜正确的调芡方法是：水豆粉和蛋清豆粉配合使用。以前老师傅做熘鸡丝、熘肉片的时候，就像前面讲的那样，原料该吃水的要吃水，吃了水，码了盐，加点姜汁、料酒码一下，然后才加水豆粉拌，再加一点蛋清豆粉拌匀。这里的蛋清豆粉是先调好了的。

啥叫蛋清豆粉？用蛋清与豆粉调成的糊状物质叫蛋清豆粉。这个菜需两次码芡，水豆粉与蛋清豆粉结合着用。

滑出来的东西比炒出来的吃起来要嫩些，因为滑炒的火候要低得多，是三成热油温，原料下去一滑菜就打起来，把油倒了以后炒蒜薹，炒的时候去点盐。蒜薹炒熟了，把鸡丝倒下去，炒两铲，烹滋汁，起锅。它的滋汁就是用盐、水豆粉对的。我主张不码蛋清豆粉，只用水豆粉，这样炒出来的菜吃起来嫩。因为以前滑炒的东西有一个特点——用猪油，如果菜的原料里码了蛋清豆粉，东西从猪油中滑起来以后，敞风后一冷，吃起来硬戳戳[①]的，反而不嫩。

蛋清豆粉的一个特性是起附着的作用，就是说它可以给原料表面穿一层"衣服"，却不能渗透到原料组织的内部，要想渗透进原料组织内部得靠水，所以用蛋清豆粉反而容易使原料翻硬。一句话说透，做这个菜用水豆粉就行了。

蒜薹肉丝的做法与蒜薹鸡丝的做法差不多。原则上，炒蒜薹肉丝是用净瘦肉丝。将蒜薹切成约4厘米或者再长点。如果蒜薹比较老，要先对蒜薹进行处理，就是先要炒蒜薹，基本上炒熟了，去点盐、味精，把蒜薹铲起来。也可以将蒜薹放入开水中汆熟，捞起来，拌点盐。然后再炒肉丝，待肉丝炒散时，用炒铲把肉丝划到锅边，再炒豆瓣，当豆瓣炒熟、炒香后把肉丝推下去，将蒜薹倒下去合炒，烹滋汁，成菜起锅。它的滋汁就是加点盐、酱油、水豆粉、味精对成。

炒蒜薹肉丝遇到质地比较老的蒜薹，一定要搭点豆瓣进去才好吃。

①　硬戳戳，四川方言，硬邦邦的意思。

蒜薹刚上市时，除了可以炒鸡丝外，还可以吃蒜薹炒腊肉。蒜薹炒腊肉纯粹是干炒，只需要在炒蒜薹时加少许盐，因为腊肉本身有味道，腊肉炒亮时，再放入蒜薹一起炒。腊肉可以切片，也可以切成丝。春节期间吃的春饼，也是蒜薹炒肉丝，但吃的是咸鲜味。肉丝也好，鸡丝也好，都是吃嫩肉丝、嫩鸡丝，所以码芡很重要，要让肉吃够水分。

韭黄炒肉丝也是俏荤菜。

许多人炒不好韭黄肉丝，原因有两点：一是火候没有掌握好，二是原料下锅的先后顺序不对。韭黄一般切约3厘米长，切好后将韭黄头和韭黄叶分开摆，韭黄头粗，下锅要早一点，叶子体薄，下锅要晚一些。这个菜用的肉丝可以带点肥肉。炒这个菜的比例，如果用500克韭黄的话，肉至少要用150克。以前许多人认为韭黄炒肉丝没有配料，其实，韭黄炒肉丝是有配料的，配料就是芽菜末。

这里我讲一段小插曲。

过去有一个老厨师，他炒韭黄肉丝就要加芽菜末，只是加的分量不多。他告诉我说："这是传统做法，加了芽菜末的韭黄肉丝吃起来味道就是不一样。"

我又去问了其他一些老师傅，他们都说："以前炒韭黄肉丝就是要加点芽菜末，加了才有那种特殊的风味。后来炒韭黄肉丝不加芽菜末而是去点泡辣椒丝，泡辣椒丝在菜里只起一个提色的作用，加芽菜末不一样，它体现的是一种风味。"

韭黄炒肉丝的滋汁有盐、酱油、醋、味精。用酱油要根据情况决定，比如醋的颜色深了，酱油就不用或少用，因为肉丝已经码有盐。码味还是前面说的原则，去点姜汁、盐、水豆粉，将水豆粉拌匀了，去点酱油。

这道菜的烹饪方法说简单点就是，肉丝炒散后划到锅边，将韭黄头倒下去炒几下，接着倒韭黄叶子下去同韭黄头合炒几下，再将芽菜末、泡辣椒丝倒下去合炒几下，最后烹滋汁起锅。韭黄炒肉丝全靠滋汁统味，其味是咸鲜味带醋香，肉丝吃起来滑嫩，韭黄吃起来带脆。

有些人炒韭黄肉丝是将韭黄头、叶子一起下，等韭黄头炒熟了，韭黄叶子早被炒茸了。炒这些东西，该脆的要脆，该嫩的要嫩。要想让它达到脆和嫩的效果，要掌握好原料的处理和火候的运用。

有些人炒菜，原材料稍微多一点就炒得跟煮菜差不多。有些菜，特别是蔬菜，水分重，又有盐，加热时间一长，菜里的水吐得多，导致上了芡的食材脱芡，再扯芡收汁，整个菜最后就成了"胡辣汤"。做菜得根据情况，能用水煮的便用水煮，用煸炒的办法，火候掌握不好，技术不到家，有时会把原料炒起煳点。对不同的原材料，要通过不同的加工手段让它们避免生熟不均或者过火。

下面谈炒素菜。

素菜的炒法很多，行业内的炒法有清炒、炝炒等。不加配料谓之清炒。炝炒是指用干辣椒、花椒炒出煳辣味以后再炒菜。不管是炝炒还是清炒，它们都是以咸鲜味为主，只不过炝炒是煳辣咸鲜味。另外，吃煳辣荔枝味的，有炝莲花白。

炒素菜有几个方面要注意。

比如炒叶子菜，像炒菠菜、蕹菜尖、豌豆尖，要放盐，而且盐是先丢进烧热的油里，让盐在油中炒几下后再把菜倒下去炒，这样菜的味道才均匀。

许多人炒这些菜时都是把菜炒得蔫不唧唧时才放盐，这种放盐的方法弄不好盐散不开，菜吃起来，有的部分咸，有的部分淡。有些人炒素菜还烹水，这完全是广东的做法。

炒素菜火力要大，油温要高。像炒叶子菜，油煎辣[①]时，先把盐放下去，铲几下，主料一倒下去，两炒三炒菜就起锅了，根本用不着烹水，菜也不会吐水！一些厨师炒素菜老是簸锅，用得着么？炒素菜，要吃菜本身的清香味，作为调料，放盐就够了，不要味精，更不要胡椒，有的还烹料酒，那更是多事。如果菜进口就是味精或者其他味，那就失去了吃素菜的本意。家庭做菜时，有些人怕菜熟不了，先把菜在开水里汩熟后才炒，这一汩，菜里面的许多维生素都被汩掉了。

再说说炒莴笋片、莴笋丝、青椒土豆丝之类的素菜。比如炒青椒土豆丝，土豆丝是主料，配料是青椒，是素配素。土豆丝切好后要用清水漂一下，漂的目的，第一，让土豆丝里的淀粉散失一部分；第二，为了保持土豆丝的本色；第三，增加土豆丝的脆度。炒制时油温要高，放点盐，原料下去后炒几下就要起锅。

---

① 油煎辣，四川方言，指将油烧烫。

素炒青笋片怎么做？前面讲的许多俏荤菜中都用了青笋片，其实，素炒青笋片就是把那些俏荤菜中的肉除去，其他的用料都一样，还是要用姜、蒜片子，要去点木耳、泡辣椒、葱节子。如果你想吃点酸味，就搭点醋，有配料，可以增加点味道，至少可以给菜提点色嘛！

再比如素炒韭黄，其实就是把有韭黄的俏荤菜中的肉去掉，芽菜末仍然可以放进去，口感上仍然要求带脆，味道也仍然是以咸鲜味为主，有醋的香味。

再举两个素菜的例子。

野鸡红和番茄炒蛋

野鸡红是素菜，主料是红萝卜、蒜苗、芹菜。为啥叫它野鸡红？因为它的三种主料颜色跟野鸡羽毛的颜色一样，也是红、绿、黄三色。野鸡红这道菜名有点历史了，在我收集的百年菜资料中就有野鸡红这道菜肴。提到野鸡红，我想起了一个笑话。

以前，有一个广东人出差来成都，看到一家小饭馆的菜牌上写着一道菜：野鸡红，1角钱1份。他开口就点了两份。菜上桌，他一边翻菜一边吃，两份菜都吃完了咋连一块野鸡骨头都没有见着呢？

野鸡红一般是吃素，如果要加点牛肉进去，那叫牛肉炒野鸡红，就变成俏荤菜了。

牛肉炒野鸡红用的牛肉要少，如果三样素菜加起来有三四百克重，牛肉就用一两百克。野鸡红要搭点豆瓣炒。炒纯素的菜，相对而言油要多放点才好吃。按照袁枚《随园食单》里所讲的："素料多荤油，荤料多素油。"袁枚所说的意思是，做素菜适宜用猪油；做荤菜适宜用素油。他说的话有一定的道理。像炒素菜，即便不用纯猪油，也要用混合油，纯用菜油炒素菜不好吃。

牛肉炒野鸡红这道菜，油要放重一点，牛肉丝不能炒老了。先把牛肉丝炒散铲起来，因为这个菜原料品种多，不把牛肉丝铲起来，锅只有那么大的空间，不够炒其他原料。牛肉炒野鸡红是家常味，也要扯点芡。只要有肉的菜，横竖都要勾点芡。

它的滋汁有酱油、盐、味精、水豆粉。在炒的过程中如果觉得咸味不够，可以临时加点盐。

家庭能做的俏荤菜品种很多。做俏荤菜关键要掌握的是以素为主，以荤为辅，达到营养成分的最佳组合。

实际上，许多炒素菜是从俏荤菜中变化而来的，甚至是从一些硬荤菜中变化而来的。

炒素菜有烹滋汁的与不烹滋汁的区别。炒素菜一般不烹滋汁，清炒的也好，炝炒的也好，通常都不烹滋汁，直接成菜。但前面讲的炒青笋片、素炒韭黄以及炝莲白菜，它们就要烹滋汁。

有些炒素菜，比如芹菜炒豆腐干，可以不烹滋汁，也可以烹滋汁，但不管烹不烹滋汁，都应给芹菜码点盐。豆腐干一般用烟熏的豆腐干。将豆腐干切成丝。炒菜时油温要稍高一点。将豆腐干倒下去，用近似炸的方法把豆腐干炒得带酥、脆，用铲将豆腐干刨到锅边，下豆瓣炒，芹菜炒豆腐干要有点豆瓣才好吃。这个菜也用不着勾芡，属于干炒。

再介绍一道素菜——番茄炒蛋。

姑且把这道菜也算是素菜。从行业角度讲，番茄炒蛋的烹制方法属于软炒。家庭炒蛋可能有一个问题被忽略了，即要加水豆粉。

这道菜的正确做法是，在蛋液里要加点水豆粉、盐、胡椒面，搅匀了才炒。行业内叫炒嫩蛋。

将番茄切成拇指大小的丁，番茄下锅要炒一定的时间。许多人误以为番茄下锅不能久了，否则营养会受损失，其实不然，番茄要通过加热，营养成分才出得来。番茄炒鸡蛋的烹制方法非常简单，但是营养非常丰富。番茄炒鸡蛋的窍门就是要加水豆粉，加了菜才有"骨力"。如不加番茄炒，我们叫它炒嫩蛋。

炒素菜要根据具体情况来决定油的使用，有的菜用猪油炒，有的菜用混合油炒。用混合油炒菜是大家比较容易接受的，只用猪油，许多人可能无法接受。像做煎蛋、煎蛋汤，用菜油把蛋煎出来做汤，肯定不好吃。可能大家都有体会，在家里做蛋炒饭，用菜油炒与用猪油炒，完全是两回事，所以，做菜该用猪油还得用猪油。

关于家常菜要说的太多了，我讲的是做家常菜的一些感受。

以前在餐厅里，客人吃完饭走了，厨师都要出来看一看哪些菜客人喜欢吃，哪些菜客人基本未动，从中找出原因。家庭做家常菜是同一个道理，也要在实践中不断总结。我时常说，家常菜最贴近老百姓，家常菜做好了，可以提高家庭的生活水平，增添家庭的生活情趣。

谈"熘"

关于家常菜的烹制方法前面讲了炒，这里讲熘。

熘，通常又称为滑，比如滑肉片、炒滑肉。熘与滑，是同一种烹制方法的两种叫法。

家庭运用熘这种烹制方法要受一定条件局限，因为熘的用油量要比炒的用油量大，比炒用的火力要小一些，一般用三成热油温就可以了。

熘的烹制方法有几个特点：

第一，通常适用于烹制质地比较细嫩的动物性原料，比如鸡、鱼、虾等，因为用这些原料做菜都要求成菜质地细嫩。其味型以咸鲜味为主，讲究清淡。

第二，一般要求码蛋清豆粉。为什么要求码蛋清豆粉呢？它的特点是成菜要求清淡。清，不仅要求反映在味上，而且也要求色泽上要淡雅。像熘鱼片、熘鸡丝、蚕豆虾仁这些菜在色调上就很素雅！

用蛋清豆粉也有一个缺点，那就是蛋清毕竟不是水，它的渗透力完全不能与水相提并论。有一些厨师在做这一类菜时往往忽略这个问题，以为光有蛋清豆粉就行了，而忽视了水的作用。

我以前接触过的老师傅做这类菜，在码蛋清豆粉之前，要么是先让原料把水吃够，要么是先用水豆粉码一下，然后才用蛋清豆粉码。这样做的目的只有一个，就是让原料最大限度地吃够水分。也只有让原料含有足够量的水分，才能保证做出来的菜鲜嫩。

现在有一些餐馆熘出来的菜放几分钟后，特别是菜冷了以后都翻硬。啥原因？就是原料没有吃够水！以前做熘的菜一般都用化猪油。现在市场上供应的调和油、色拉油都进行过脱色处理，因此用它们做菜，一样能够达到洁白、素雅的效果。

家庭做菜可以选用另一种做法——滑。滑，有油滑、水滑之分。水滑的方法，家庭做菜比较好掌握，还可以免除油滑用油量大的顾虑。

水滑的方法：水烧开，把码好味和芡（用水豆粉就可以，不一定用蛋清豆粉）的原料放进锅里，滑散后捞起来，沥干水汽。将锅里的水倒掉，锅烧热，去点化猪油或混合油，油烧热时后该炒小宾俏的炒小宾俏，小宾俏炒好了，把滑过的原料倒下去一起炒几下，烹滋汁，汁浓起锅。水滑既节省油，又便于掌握，而且从某种意义上讲，对保证原料的鲜嫩度还有很大的好处，因为水滑出来的东西可以保证原料不失水。

记得有一年的元宵节，我到我姑妈家去做春饼，用了三四千克瘦肉炒韭黄肉丝，我就是用水来滑肉，肉滑好以后，锅里只炒韭黄，"吃"好味，把肉丝倒下去搋匀，菜便做成了。菜做出来效果很好，既省油，操作又方便。我的体会是，关键在要把味"吃"好，把芡码好。用熘或者叫滑这种烹制方法做出来的菜口味清淡，老年人比较喜欢。

如果采用油滑的烹制方法，一般油温宜在七八十摄氏度。什么情况下油温有七八十摄氏度呢？直观地讲，就是锅烧热了，将冻结的猪油下锅，当猪油还未完全化完的时候，这时的油温就是七八十摄氏度，做菜的原料就可以下锅了。熘，本身就要求在低油温下把肉原料滑散。肉原料滑散后将油滗去，把肉原料划到锅边，用锅中间位置来炒配料，然后主料、配料一起，炒几下烹滋汁，菜便做成了。

以前，行业内把熘的烹制方法进行过归纳，叫作热锅温油。所谓"温油"，是指相对于炒、爆炒用的油温要低一些。"热锅温油"还告诉我们一点：虽然它要求熘的油温要低一点，但在下油以前，锅一定要烧热，这一点不能忘记。滑熘的菜不应该出现巴锅、脱芡的现象，何况码了蛋清豆粉的东西还多了一层保护。

鲜熘鱼片和蚕豆熘虾仁

再说一说芡汁，也就是通常所说的滋汁的使用。因为主料都经过码味、码芡的处理，所以滋汁要求盐少、芡少、汤少，一烹下去收浓，使成品能附着一点味汁就可以了，否则就会出现汤汤水水的结果。

用熘这种烹制方法做的菜我举几个菜例。

第一个菜例：鲜熘鱼片。

由于鱼的种类不同，因此对菜的成形要求也会不一样。如我们做菜的原料是乌鱼，俗称"乌棒"，做熘鱼丝、熘鱼片效果最好。

以乌鱼做主料，鱼片相对要求切薄点，因为乌鱼的肉质结构紧密。鱼片切好后用清水泡一下，让鱼片吸点水。如果我们做菜的原料是草鱼，草鱼个头大、肉头厚，但是草鱼的肉质结构比乌鱼的要疏松一些，因此鱼片相对要求切厚一点，就是切成约3厘米厚的片，鱼片切薄了，烹制过程中容易烂，成形差。总之，不管是切鱼丝还是切鱼片，切的粗细厚薄得根据鱼的肉质结构疏紧来决定。

现在以乌鱼作主原料，将乌鱼肉切成片以后，要将其放进水中漂一下，然后捞起来，去一点姜水、料酒、盐、水豆粉，把鱼片拌一下，再用蛋清豆粉给鱼片穿一层"衣服"。用的配料要根据具体情况定，比如可以去点小白菜心、冬笋尖切成的片，另外就是姜、蒜片子，马耳朵形的葱。姜、蒜片子不用也可以，因为先前已经码了姜水。鱼片在锅里滑散后，大部分油要滗起来，只留下少许油，把鱼片用炒铲划到锅边，或者捞起来，在锅中间炒配料，炒熟后把主料、配料混合，炒几下，接着烹滋汁。这道菜的滋汁很简单，就是盐、水豆粉、味精。鉴于这道菜要求颜色白净，因此有颜色的调味品都不宜用。味精要少放，因为鱼本身就有鲜味，即便不放味精也没有关系。

如果做这道菜不用前面讲的那几种配料配，而是直接用番茄片，那它的名字就该叫番茄熘鱼片。

番茄熘鱼片用的番茄片与一般番茄片的切法不一样，在切片以前要先用开水将番茄烫一烫，把番茄表皮撕掉，切成四瓣，用刀将番茄内瓤片去，然后再根据做菜需要的厚度，将番茄切成若干片。为啥要挖去番茄的内瓤呢？因为番茄内瓤水分重，菜会被搞得一塌糊涂。这道菜用番茄作配料，既好看，又好吃，还富有营养。

如果把鱼肉切成丝，可以做熘鱼丝。

熘鱼丝的配料可以用熘鱼片的配料，比如白菜心、冬笋，但是配料要求切成丝状。这道菜如果加香花进去，名字则可以叫香花鱼丝。这些菜给人的感觉不仅好看，而且好吃，味比较清淡。

熘鸡丝的做法与熘鱼丝的做法差不多，只不过熘鸡丝用的是鸡胸脯肉罢了。

以前的餐馆还做过两道菜，名字叫包肉丝、包肉片。这两道菜实际上就是熘肉丝、熘肉片。这两道菜的名字之所以用了"包"字，那是指肉丝或肉片的外表包了一层蛋清豆粉。做熘肉丝也好，熘肉片也好，选用的都是猪的背柳肉，也就是我们通常说的"扁担肉"。先用水将肉漂一下，去掉肉里的一部分血水，肉经过漂洗，做出来的菜颜色白净。包肉丝、包肉片的主要配料是冬笋，做菜时将冬笋切成丝或切成片。

做熘菜要把握住几个关键。

第一，掌握好油温。

如果是用水滑，一定要用开水；如果是用油滑，油温一定不能高。原料刚下锅时，不要急于去搅动，最好用筷子轻轻去拨，将原料拨散。只要原料已经滑散就把油滗了，或者是把原料捞起来。如果对原料下锅能否滑散没有把握，那么在原料码了蛋清豆粉以后，可以加点油拌一下，拌了油的原料下锅相互不粘连，容易散开。炒菜、滑菜、熘菜都可以采用这个办法。但是，最重要的还是掌握好油温，蛋清与水的性质不一样，如果油温高了，原料下锅很不容易打散，而且还容易巴锅。

第二，记住几个窍门。

不管原料是鱼也好，鸡也好，首先，在码芡的时候要给原料一个基本味。其次，要用一些避腥的调味品，比如加点姜汁、料酒，它们都具有除异增鲜的作用。还可以加点胡椒水，目的也是一样。最好的做法是，先薄薄地给原料一道水豆粉，然后才用蛋清豆粉码。调蛋清豆粉，要把蛋清与豆粉调匀、调好。所谓调好，一是指用蛋清的量要合适。比如做一份菜，是用一个蛋的蛋清还是用半个蛋的蛋清？一般讲，用蛋清的量不宜过大。二是指要把蛋清与豆粉调匀。码水豆粉与蛋清豆粉要有先有后，必须先码水豆粉，后码蛋清豆粉。这是做熘菜的一个诀窍。按照正确程序做出来的菜，保证原料鲜嫩。这个诀窍是以前从一些老师傅的操作实践中总结出来的。

第三，坚持一切从实际出发。

做熘菜，如果自己用油滑原料有把握，那就用油滑；如果自己对油滑原料没有把握，那就用水滑。如果是采用水滑的方法，码芡时就不需要用油去拌原料，码油，只是针对油滑的形式才采用。如要是水滑，蛋清豆粉就应该稍微干一点好。像以前有一些餐厅，夏天要做酸菜鸡丝汤，那鸡丝就是水滑的，滑了以后还要用水泡。这样做的目的就是保持原料的水分。我认为这种方法家庭做菜也可以采用。"食无定味，适口者珍"。家庭做菜没有那么多规矩，怎么做方便，做出来的菜好吃，目的就达到了，方式方法上不必太拘泥。

再给大家讲一个熘的菜例：蚕豆熘虾仁。

虾仁受热时间不能太长，做菜所用的温度不能太高。先把蚕豆去壳煮熟。如果用青豆，它的传统名字就该叫翡翠虾仁。蚕豆也带翡翠色，但以前的翡翠虾仁是专指用青黄豆做成的虾仁菜。

蚕豆熘虾仁中的虾仁是油滑出来的。滑的时候，第一，油温不能高；第二，滑的时间要短，原料在锅里一滑散马上就要捞起来。然后炒蚕豆，炒几下，虾仁倒下去，滋汁一烹就起锅，动作相当快，时间相当短。这样烹制才能保证蚕豆和虾仁的质地鲜嫩。

再强调一下，要想保证原料鲜嫩，在制作前必须先把蚕豆或青豆煮熟。正因为如此，以前有一些人又把这个菜叫作蚕豆烩虾仁。烩，相对地讲，汤汁要重一点，汁重才能称为烩。熘的菜，一般都要求成菜鲜嫩、颜色素雅。

以前，有一些菜虽然也叫熘，但实际上是炒。比如醋熘鸡，就是炒；再比如醋熘白菜，实际上也是炒。熘的菜，主要还是适用于动物性的原料。像以前做的熘鸭肝也可以这样熘，因为它要求的油温比较低，便于掌握。这种烹制方法尽管在人们生活中用得不是很多，但是你不妨试一试。熘的菜，由于做菜的温度不高，所以它能最大限度地保存原料的营养成分。

侃"烧"

老百姓常说的烧菜，所用的烹制方法便是烧。家庭做菜用得最多的烹制方法，除了炒以外可能就是烧了。"烧"这种烹制方法用得最多的又是家常烧。

家常烧，从某种意义上讲是突出家常风味。家常烧菜是乡土特色比较典型的一种烹饪方法。

家常烧烹制的菜品很多，比如烧猪肉、烧牛肉、烧鸭子、烧排骨、烧鸡等。以烧牛肉来说，家庭习惯用笋子作配料，所用笋子就是我们通常说的烟笋。烟笋，是指用硫黄熏过的笋子，色比较深，带有浓厚的烟熏味道。用烟笋做菜，要用水多漂、多泡、多煮，尽量把异味除去。其烧出来的菜叫笋子烧牛肉。还有如萝卜烧牛肉、茎蓝烧牛肉，也是很好吃的菜。用什么配料，要根据季节和自身的喜好来决定。

烧菜的要求，一是用的汤汁比较多；二是宜用小火；三是烧制的时间比较长。做烧菜的汤相对要求要多一点，但不是所有烧菜都是要求汤多。烧制菜品有的需要时间长，有的需要时间短。如烧豆腐，时间就要求短；而烧牛肉，烧的时间就要求长；烧鱼用的时间要求短；烧猪肉用的时间又要比烧鱼的时间长一点。

总之，具体情况具体对待，要根据不同的原料来考虑烧制时间的长短，考虑用汤汁的多少。烧，没有一定之规，不是烧一个菜非要多少汤，非要多少时间，一切从实际情况出发。需要烧制时间长的菜，蒸发的水汽必然多，因此掺的汤也就要求多一些，如果先不把汤放够，就可能会把锅烧干；烧制时间短的菜，蒸发的水汽必然少一些，因此掺的汤就要求少一些，如果先把汤放多了，菜烧出来会汤汤水水的，弄得芡也不好勾，下少了，尽是水，勾多了，汤又成了糨糊。

烧牛肉

谈烧菜，也举具体的菜例来说明，菜品不一样，具体的烧制方法也不一样。

第一个菜例：烧牛肉。

烧牛肉，一般适宜选用肋条肉、筋头。有些人做烧牛肉用的全是精瘦肉。精瘦肉做烧菜有两点不好：一是，吃起来肉质显得粗老；二是，肉烧制时间久了，会起丝，吃起来塞牙缝。牛精瘦肉不适宜用来烧，只适合做蒸菜、炒菜。

用牛肋条肉、筋头烧菜，先要把肉切成块。锅里倒油，油烧热了，把肉块下到锅里爆炒，炒的同时放点花椒，炒到水汽基本干了为止。所谓水汽基本干了，是指肉眼基本看不见水汽上冒。把牛肉铲起来，锅洗干净，锅里倒菜油，油烧热、烧熟了，下剁细了的豆瓣炒香、炒出颜色，看到油颜色变红了的时候，把牛肉倒下去合炒，然后掺水或掺汤。汤不宜掺多，待汤烧开了再转入砂锅，加一块拍破的姜和一把葱结，根据锅里水或汤的量再决定是否掺水、掺汤。一般来讲，水或汤应淹过肉块。然后给汤里加点盐吃味①，但是味不能太大。烧牛肉也可以加一点香料，主要有八角、草果、桂皮。三样香料不能加多了，如果烧制一两千克牛肉，用两个八角、1个草果、两块桂皮就够了。草果要拍破了用，味才出得来。香料放重了反而会影响菜的味道，压住牛肉的鲜味，出现返甜现象。先用大火把菜烧开，然后改为小火烧。火小到何种程度为宜呢？看到汤中间有点翻滚就行了。

---

① 吃味，即在烹制菜肴的过程中，在食材中加入盐、胡椒、料酒等调味料，使食材入味的意思。

用小火烧的目的：第一，让原料的蛋白质尽量地分解出来；第二，减少菜中水分的挥发。用大火烧并不等于菜就熟得快，烧出来的肉也不一定好吃。因为火大，水蒸气挥发必然又快又多，水蒸气将菜里的部分营养和鲜味一齐挥发掉了，需不断地掺水或掺汤来补充，最后烧出来的菜肯定没有小火烧出来的好吃。

烧菜可以分两次或三次定味。以烧牛肉来说，掺了汤以后可以尝一尝，看咸味够不够。烧到一定的程度，把笋子倒下去。笋子与牛肉烧制的时间差不多。烧笋子时，先别将盐放得太多，笋子下锅后再尝一尝，看咸味够不够，如果觉得味淡了点，再去点盐也不迟。

如果是牛肉烧萝卜或苤蓝，萝卜、苤蓝含有大量的水分，要从汤里汲取一部分盐分，所以萝卜或苤蓝下锅后若尝出咸味不够，那还得去一点盐。盐味不够，菜的鲜味也出不来。另外，牛肉烧苤蓝或烧萝卜，我主张不要加香料，就是吃家常味。烧牛肉不能放酱油，否则菜的颜色会变深，感观效果不好。牛肉烧苤蓝或烧萝卜，要等牛肉烧至七八成熟时才能下苤蓝或萝卜，如果苤蓝或萝卜下锅早了，当牛肉烧熟时，萝卜或苤蓝可能早就被烧烂、烧茸了。

记得我小的时候看见街头巷尾卖牛肉烧萝卜的摊子，一个羊圈炉，上边安一口大毛边锅，厨师把切成条或片的牛肉和切成块的萝卜码在锅里，堆得像小山似的。菜烧好了，1分钱买一片或一条牛肉，或者1分钱买两块萝卜，萝卜比牛肉还好吃，锅里热气腾腾，香飘几米外，人来人往，生意火红。

烧牛肉这个菜不在乎用多少油。有许多人烧菜总喜欢将油放得重，其实没有必要。牛肉的鲜味在汤里，油在菜里主要起增色的作用，完全没有油，菜会显得水渣渣的，不好看，但放油多了，它会"抢"一些味走，牛肉本身富含蛋白质，也富含脂肪，如果牛肉的鲜味、香味被油"抢"多了，汤的质量也就差了。

烧牛肉用的时间比较长。一般来讲，用小火慢慢地煨，大约需要两个小时甚至更长时间肉才会烂。家庭做这个菜，用小火慢慢地煨，既方便，又能保证菜品的质量，还节约了燃料。可以挤出一些时间去做其他的事，隔半个小时或几十分钟去观察一下，看一下菜的成熟度如何，汤烧干没有就行了。为了使菜的渣少一点，血污轻一点，在做菜前，有些人先把牛肉洗洗，切成块，再把牛肉块放进开水里煮。他们这样做的目的是为了把牛肉中的血污去掉一部分。我认为如果是烧牛肉，可以不走这步。但如果是炖牛肉，先去掉一部分牛肉里的血污还是比较好。

红萝卜烧五花肉和魔芋烧鸭

第二个菜例：红萝卜烧五花肉。

红萝卜烧五花肉，实际上是在红烧肉的基础上加红萝卜。这道菜许多家庭都爱做。猪五花肉是指猪的硬五花肉，也就是靠近猪保肋那一部分肉，俗称"三线肉"。很多人喜欢吃猪五花肉，烧的也好，蒸的也好，甚至炒回锅肉，大多都喜欢用五花肉。这其中的原因，第一，可能是因为五花肉不腻人。第二，五花肉经得起加热。有些烧菜、蒸菜，如果用它作原料，即便烹制时间久，肉也不会垮、不会化。第三，五花肉肥瘦夹在一起，吃起来香，还不塞牙。

红萝卜烧五花肉有两种做法。

第一种做法是，在做菜前将五花肉刮洗干净，先煮一下。煮的目的，一是让五花肉脱一部分油和血污；二是成形好看一些。

第二种做法，直接将五花肉生切成块做菜。

家庭做这个菜，如果是生切成块做菜，那么先要将肉在锅里爆炒一下，爆炒时放一点盐和花椒。用花椒可以除异增鲜。将肉块爆炒得基本看不见水汽时，或铲起来，或直接吃味、掺汤。汤烧开了，连汤带肉倒入另一个锅中进行烧制，同时把一块整姜拍破，放入汤中。红萝卜烧五花肉与红烧肉的风味差不多，都是咸甜味，但红萝卜本身带甜味，所以红萝卜烧五花的甜味还略重于红烧肉。

换锅以后，用炒锅炒一点糖色。啥叫炒糖色？就是倒一点菜油进锅，油烧热了，下一点白糖进锅，讲究一点的，还要放一点冰糖，然后像炒糖饼那样炒，炒到糖变黄色时掺水。行业内，把这个程序叫"炒糖色"。糖色的主要作用是给菜上色。红烧肉也好，红萝卜烧五花肉也好，肉烧出来颜色黄澄澄的，靠的就是糖色。炒糖色不好掌握，炒老了，味道会翻苦，炒嫩了，上色的效果又不好。家庭做菜，如果炒糖色没有把握，可炒嫩一点，虽然上色效果差一些，但是总比炒老了味道翻苦好。有些人做这个菜不炒糖色，直接下点冰糖、白糖，颜色虽然差一些，但是至少菜不会翻苦。

烧猪肉不完全同于烧牛肉，烧猪肉汤不能太多，汤多了，那肉就像在水里煮熟的一样。牛肉肉质纤维多、纤维粗，得靠汤的水分渗透进肉里，使肉熟化、炧软。猪五花肉的瘦肉少，纤维细，肥肉多，因此烧制就不需要那么多汤。烧猪肉、烧五花肉也是用小火。

同烧牛肉的道理一样，烧猪肉也不需要加酱油，只要加糖色或加冰糖烧就行了。菜烧到什么程度为好呢？像烧五花肉，用行业话讲，要烧燃为好。所谓"烧燃"，是指在菜里基本上看不到多少汤汁，如果把菜舀进碗里，现出来的是油而不是满碗的汤。之所以烧五花肉也不能火大，那是因为倘若火大了，加上又有糖，菜很容易巴锅。一般来讲，烧猪五花肉的时间要比烧牛肉的时间短一些，大概一个小时就差不多了。红萝卜烧五花肉，也是肉烧到六七分熟时才下红萝卜。

有些人做红烧肉还要加香料。这种做法不对，因为红烧肉体现的是咸甜味，不需要五香味，再凸显五香味，吃起来给人的感觉就像吃卤肉了。以前卤肉中的"红卤"，一样要加冰糖块烧，还要加香料。如果把烧肉的味道做得像卤肉的味道，两者的风味咋个区分？红萝卜烧五花肉在成菜上要求油多汁少，成菜的色泽比较好看。烧牛肉则不一样，要求汤汁要重一些，道理很简单，烧牛肉的鲜味就在汤汁里。

牛肉烧菜也好，猪肉烧菜也好，包括其他一些烧制时间比较长的菜，原则上都不能勾芡。因为原料经过较长时间的烧制以后，其主料、辅料都已经充分入味了，这时候加芡毫无意义。但是，现在有些餐馆烧牛肉菜，扯芡的相当多。扯芡的目的是让菜统味、巴味，对烧制时间短的菜应该采取扯芡的办法，而对烧制时间长的菜也扯芡，则纯粹是多事。

第三个菜例：魔芋烧鸭。

魔芋烧鸭的烧制时间比较长，因此也不扯芡。

魔芋烧鸭是非常好吃的一道菜。在魔芋烧鸭的基础上，后来又出现了啤酒魔芋鸭，实际上它就是魔芋、鸭子加啤酒烧。

魔芋烧鸭用的是水魔芋，也就是老百姓喊的黑豆腐。魔芋水分重，另外，水魔芋是用石灰加工而成，碱性比较重，所以在做菜前，通常在把魔芋切成条后要煮一下，以去掉魔芋中的一部分水和碱味，使魔芋更有韧劲。鸭子要整治干净，多洗两遍。

魔芋烧鸭有熟烧与生烧之别。

所谓熟烧，就是在烧菜前先把鸭子煮一下。煮，可以避免鸭块在烹制时产生缩筋现象，造成菜成形难看。鸭子煮后晾冷，砍成条子，一条一条的鸭条肉十分好看。先煮一下，不是只在开水里浸一浸，而是要把鸭子煮一会儿。鸭子经过煮，一部分鲜香味要流失进汤里。

生烧虽然鲜香味没有走，但是它的成形要比熟烧差一些。生烧，也是把鸭子砍成条，放进油锅里爆炒。爆炒时放点花椒、盐，炒到基本上看不见水汽上冒后放豆瓣，掺汤。汤烧开了，换锅，根据鸭条肉的多少，把汤"吃"够。做这个菜，汤可以多一点，因为原料瘦肉多。汤烧开一阵以后下魔芋。魔芋下早了也没有关系，魔芋是越烧越绵扎，吃起来有韧劲。一般家庭做这个菜还要加点泡酸菜、泡姜一起烧。

魔芋烧鸭家常风味比较浓，再去点泡姜、泡辣椒、泡酸菜，烧出来的味道真的很鲜美。这个菜也是要亮油亮汁，有点油，但是汁要多。

把这几个菜比较一下可以看出，凡是瘦肉多、肥肉少的原料，汤汁都要重一点。这除了是为了保持原材料的水分外，同时也是为了让原材料的鲜味、香味能够保持在汤汁里面。但是油不宜放多。反过来讲，凡是肥肉多、瘦肉少的原材料，汤汁都要轻一点。

姜汁热味肘子和豆瓣瓦块鱼

第四个菜例：姜汁热味肘子。

姜汁热味肘子是以前餐馆最爱做的一个菜。姜汁分热姜汁与冷姜汁，姜汁热味肘子用热姜汁，所用肘子是熟肘子。它也是一道烧菜，应该归入熟烧的范畴。

姜汁热味肘子的做法：肘子煮炻以后，把肘子切成块。锅烧热，炒姜米子，用的姜米子要多一点。500克肘子，用姜米子的量不能少于75克。炒姜米子油温不宜高，因为姜米子个体小，一旦油温高了，下锅很快就会被炒干、炒焦。姜米子一炒好便掺汤，把肘子块倒入锅中，然后放点盐、胡椒吃味。烧到姜味、鲜味都出来后就扯芡。这个菜之所以要扯芡是因为它用的是熟料，烧制的时间又不长，大部分味还没有渗透进原料里，芡扯后，加点醋，撒点葱花，和匀，汁一收浓菜便起锅。这个菜肘子肥而不腻，很好吃。

用同样的方法又可以做姜汁热味鸡。姜汁热味肘子比姜汁热味鸡好吃。做姜汁热味鸡，所用鸡同样是熟的，把熟鸡砍成条子，后面的做法与做姜汁热味肘子的方法一样。

在讲姜汁的时候，我曾经说过有一些菜可以搭上点豆瓣，像肘子，可以做成家常姜汁肘子或者家常肘子，但是搭的豆瓣不能太多，至少要突出姜、醋的味道，如果豆瓣味道把姜、醋的味道都盖住了，那反而适得其反。肘子还可以做成冷汁的，肘子蒸了以后挂冷姜汁。有一些人在菜起锅了以后还要搭点红油。作为烧菜来讲，去点豆瓣的烹制方法是可取的，菜起锅了，有些人觉得味不够再去点豆瓣照样可行。做姜汁热味鸡也好，姜汁热味肘子也好，都可以用这个办法，但是要适可而止，一定要注意用量适当。

第五个菜例：豆瓣瓦块鱼。

家庭做鱼菜，不妨做瓦块鱼或者我们说的鱼条、鱼块。做鱼菜一般用草鱼。草鱼选购 1 千克左右一尾的比较合适。三四口人的家庭，买 1 千克鱼就够了。将鱼剖腹、去鳞、去鳃，整治干净，把鱼头宰下来，剪掉鱼鳍（尾鳍、胸鳍、背鳍）。平刀将鱼剖成两片。所谓瓦块鱼，是指对鱼肉进行斜刀片切，每一片鱼块形状都像一片瓦一样，故曰瓦块鱼。瓦块鱼看起来大块，其实实体并不大，因为它是斜刀片的，所以视觉上给人造成误差。用哪种鱼块做菜，看各人的喜爱。不管你的爱好如何，鱼块都不能砍小了，一般来讲，每个鱼块 3 厘米左右见方比较合适，块太小，那就不像鱼块了。

家庭做瓦块鱼的程序：将鱼片好装入碗中；把一个整姜拍破，或者切成姜片，葱白拍破，切成段，姜、葱都放入鱼碗中，再去点盐、绍酒（白酒也可以）一起拌匀码味，腌十几分钟。此时，可以做其他准备工作：把 50 克左右的豆瓣剁细，准备姜米子、蒜米子、葱花。蒜米子的量大约相当于用 4 个大独蒜，姜米子的量大约是蒜米子用量的一半，葱花大约用 25 克。

这些准备工作都做好了便开始炸鱼。以前的老师傅们教给我一个办法，可以给鱼穿一件薄薄的"衣服"。其方法是：鱼码了味以后，将鱼被盐"逼"出来的水滗掉，扑一点干豆粉，让每个鱼块都附上薄薄的一层豆粉，然后才炸。

家庭炸鱼，油不要用得太多，最好估计炸了鱼以后剩的油够烧鱼就行了。鱼可以分几次炸，甚至一块一块地炸，这样用的油就不会太多。

家里炸一次鱼大约用100克油。炸鱼要求油温要高一些。油温达到要求后，将鱼一块一块地放进锅里去炸，当鱼块炸黄时，用筷子夹或用锅铲铲起来。鱼头砍成两半，也要炸。用这种"穿衣"的方法炸鱼，剩下的油没有鱼腥味，既可以用来煎红油，也可以用来炒菜。

接着炒豆瓣，油温不能太高，如果油温高了，可以先把火关了，让油凉一凉再炒。炒豆瓣时，要去一半先前准备好的姜、蒜米子，跟豆瓣一起炒，把豆瓣炒出颜色、炒出香味了，掺汤（掺两瓢汤），把炸好的鱼块放下去，再掺汤，让汤与鱼块的高度持平或略淹过鱼块为宜，然后吃味，程序是：放一点白糖，烧两三分钟以后再将剩下的姜、蒜米子倒进锅里和匀，盖上锅盖用小火烧20分钟左右。

做瓦块鱼之所以比做全鱼方便，在于它的汤好掌握。只要汤吃够了、味吃够了，用小火燆一会儿后用筷子戳一下鱼块，如果筷子轻轻就能戳进鱼肉里，那就表明鱼肉已经熟了。这时可以用筷子夹或用锅铲把鱼块铲进碗里，让锅里只剩下滋汁。此时，尝一下滋汁味够不够，如果觉得咸味不够，可以再加点盐。滋汁味调好了后将火开大，滋汁烧开时扯芡。扯芡时，不要一次去很多芡，要一点点地下芡，边扯芡边观察收汁的情况，如果觉得滋汁已经收得基本可以了就行了。以前行业内有一句话说烧鱼的滋汁要"活"。所谓"活"，是指尽量让滋汁包含的内容融合、调和到一起，防止滋汁起坨、起籽。芡扯好后去点醋，勾匀，把葱花丢进锅里。滋汁收浓了，用锅铲铲起来淋在鱼块上，这道菜便大功告成。

这样烧出来的鱼块很入味，滋汁吃起来味道很鲜，鱼肉吃起来也很嫩，成形也好看，因为鱼块经过炸制，在烹制过程中不容易烂。另外，虽然鱼块码了点干豆粉，但是它并不影响鱼的鲜味和汁的香味相互之间的渗透。

以前有一句话："急火豆腐，慢火鱼。"烧鱼的时间不够，鲜味出不来。慢火鱼的"慢"，一是讲用的时间要长；二是讲火力不能太大，用小火慢慢地烧，该盖锅盖的还要盖锅盖。

豆瓣瓦块鱼用的作料，第一，要掌握好用姜、蒜的比例，一般是1∶2；第二，它突出的是蒜香、姜香和葱香，风味是咸、辣、酸。做鱼香味的菜，这几种味都离不了。豆瓣瓦块鱼按鱼香味的方法做是现在比较流行的做法。

传统的豆瓣瓦块鱼吃的是家常味，加了糖、醋，而且它不是用的姜、蒜米子，而是用的姜、蒜片子，加上马耳朵葱节子一起烧，有的还要加泡辣椒。以前烧这个菜，有的人还要加芹菜花，即把芹菜秆切细，与鱼同烧，则又是一种风味。

大蒜烧鲢鱼和香菌烧鸡

第六个菜例：大蒜烧鲢鱼。

大蒜烧鲢鱼是成都比较有名的菜肴。这个菜家庭做的不多。以前，三洞桥的邹鲢鱼、东门大桥的尹鲢鱼都是很出名的。

鲢鱼有一个特点，时间越熠（dú）得久，鱼越翻硬，所以凡做鲢鱼菜，在鲢鱼整治干净以后，要用后刀尖在鲢鱼的背部宰几刀，宰出缺口，成菜以后鲢鱼不会硬戳戳的。

以前餐馆里做这个菜，装盘时不像其他鱼是顺着摆，而是架起摆，就是摆一条鱼在下面，另一条鱼架在上面，再一条鱼架上去，以此架摆而上。如果鲢鱼的背部不宰，不能弯曲，也就无法架摆。现在不止一两家餐馆，而是许多餐馆都一样，弄一道鲢鱼菜出来，一顺风摆满盘子，一条条鱼硬戳戳的，堆又堆不起来，滑得很，鱼摆放的样子活脱脱像"鲢鱼大逃难"，全挤在一堆。大家还要明白，做这个菜，把鲢鱼的背部宰出缺口，不光是为了好装盘，也是为了让鱼好进味。鲢鱼是无鳞鱼，外表是一层皮，烹制时入味比较难。在鲢鱼的背鳍处宰上缺口，好入味。

大蒜烧鲢鱼的配料，一是大蒜，最好用独蒜；二是长葱段，这里用的长葱段是指葱白那一部分；三是长的泡辣椒，将泡辣椒切成段，其长短与葱段的长短差不多。

这道菜的做法：鱼要经过油滑，其目的是"除毛"。所谓"除毛"，就是把鱼在温油或热油里去"梭"一下，让鱼表皮附着的那层涎液经过油的作用凝固。"梭"的另一个作用是杀灭附着在鱼身上的细菌。然后炒豆瓣，掺汤，把鱼丢下去，放大蒜、葱段、泡辣椒段一起烧。烧的时候要加点糖，用小火慢慢地熁。大蒜烧鲢鱼以家常味为主，但是它又有比较明显的甜酸味道。特别是邹鲢鱼家的鲢鱼，甜酸味更重，它是在家常味的基础上加甜酸味，其目的是为了缓解辣味。烧至大蒜熟，感觉蒜已经熟过了心时把鱼夹起来，锅里开始收汁，汁快收浓时加点醋。汁收浓了，将汁舀起来淋在鱼面上。这道菜，蒜也好吃，鲢鱼也好吃。这就是以前邹鲢鱼的做法。邹鲢鱼做鱼还有一个特点，菜做成了，还要加点紫草油上去。紫草是一种中药，用紫草泡出来的油呈玫瑰红色，邹鲢鱼加紫菜油是为了菜好看。

下面再讲一讲大蒜烧鳝鱼这道菜。大蒜烧鳝鱼绝对不能加甜酸味。大蒜烧鳝鱼的配料主要是大蒜和芹菜。做这个菜，许多人不习惯用芹菜，他们不知道，芹菜用在这个菜里味道都不一样。

大蒜烧鳝鱼的做法：把鳝鱼宰成段，放进锅里爆炒，爆炒时加点花椒。爆炒的目的是为了除去鳝鱼表皮的涎液。有些人说鳝鱼用不着洗，因为鲜味就在鳝鱼血里。这种说法没有依据，如果不洗去鳝鱼血，滋汁看起来很难看。但是，鳝鱼表皮的涎液是不能完全洗干净的。鳝鱼爆干水汽以后铲到一边，接着炒豆瓣，豆瓣炒出颜色、炒出香味时掺汤，放蒜和芹菜。烧鳝鱼的火力可以比烧豆瓣鱼的火力稍微大一些，用中火，汤要放够。烧到大蒜㷵时，扯芡。扯芡前，要尝一下味够不够，不够就要加味。

大蒜烧鳝鱼绝对不能加糖。有些人在烧鳝鱼的时候要加点绍酒，那可以；有些人要少放点胡椒，那也可以。无论是大蒜烧鲢鱼，还是大蒜烧鳝鱼，扯芡时间都是以大蒜的成熟度为准，就是说，大蒜基本上㷵了就可以扯芡。芡一收浓菜就起锅，菜起锅时撒点花椒面。

大蒜烧鳝鱼，虽然我们也把它称为家常烧，但实际上它是麻辣味，其味有点近似麻婆豆腐。在大蒜烧鳝鱼中起关键作用的是蒜和芹菜，很多人做这个菜，却往往忽略了芹菜。芹菜是一种香菜，在菜中起增香除异的作用。这个菜也要求汤汁要多，当然也不能多得菜都被淹了，也就是说，既要让菜巴味，又要适度。吃完菜剩下的汁水，以前家庭多喜欢用来下面，那面吃起来很有风味。

接着说第七个菜例：香菌烧鸡。

香菌，以前指的是干菌。选个头大小均匀的香菌最好。如果是用干香菌，先要用水泡，发胀后捞起来，泡香菌的水不要倒掉，因为烧香菌用泡过香菌的水烧味才鲜。待水镇一会儿，吹去水面上的浮尘、浮物、去掉沉淀泥沙，中间那一部分水留用。香菌的泥沙在根部，所以泡后的香菌要用刀将根部切除，然后改刀，小点的香菌改两刀，大点的香菌改三四刀。把改了刀的香菌用清水淘洗一下，滤起来。一般来讲，香菌烧鸡除用鸡外，还要适当配点其他原料。比如烧 1 只鸡，可以加 250 克五花肉，因为有的鸡不肥，而菌子又比较服油。鸡洗干净后砍成块，把五花肉的皮刮洗干净，切成厚片。

烹制的程序：煵炒鸡块和肉片，煵炒时放点盐，直到煵干水汽为止。泡香菌的水澄清后倒进锅里，放点盐、胡椒吃味。同时，准备一点大蒜，如果是独蒜，要用刀改成瓣瓣蒜，菌子除了服油外，也服蒜。用蒜还有一种说法：可以祛菌毒。这个问题现在基本不存在了，因为现在卖的香菌基本是人工种植的。汤烧开了把香菌倒进锅里一起烧。汤烧得大开时，把蒜丢下去，盖锅盖，改用小火慢慢地煨。

烧香菌的汤汁要比烧猪肉的汤汁重一点，但是又要比烧牛肉、烧鸭子的汤汁轻一点。烧香菌之所以要用猪五花肉，是因为猪五花肉的脂肪可以促使香菌的蛋白质分解。烧菌子用的蒜不像烧鲢鱼、烧鳝鱼用的蒜，非得保持蒜的形态，烧菌子的蒜即便烧烂了，还是在汤汁里，同样能起到应该起到的作用。烧香菌也用不着扯芡。汤不能多，多了要影响汤的鲜味，但也不能太少，太少了不能保证原料所需的水分。香菌烧鸡，如果鸡肉缩成块块，没啥吃头，好吃的反而是猪五花肉。以前烧香菌喜欢用鸡翅膀，因为鸡翅膀皮多肉少，鸡胸脯是肉多皮少，前者遇热不易收缩，后者遇热会紧缩。香菌烧鸡的时间要比烧牛肉用的时间短得多，只要五花肉烧耙了，火候也就基本到家了。香菌烧鸡的汤汁一样可以用来下面、泡饭吃，甚至可以用来烧其他菜，因为它的鲜味也是在汤汁里。

如果不用香菌，改用青笋来烧鸡，那名字就叫青笋烧鸡。有的人做青笋烧鸡是用熟鸡。把鸡砍成块，跟青笋一起烧。用熟鸡肉烧青笋，菜成形好看，但是青笋下锅的时间一定要掌握好。相比而言，用熟鸡肉要好掌握一些，只要鸡肉烧入了味就可以下青笋，青笋烧熟了，菜就可以起锅了。

香菌烧鸡和青笋烧鸡可以适当去一点酱油，起搭色的作用。青笋烧鸡和香菌烧鸡都不需要扯芡，家庭做这些菜没必要扯芡，因为吃菜剩下的汤汤水水还可以利用，比如下面条。

熘① 豆腐

最后谈两道豆腐菜，一道是麻婆豆腐，这是家庭经常做的菜；另一

---

① 熘（dú），四川民间烹制家常菜的一种传统方法。其法与"烧"大致相同，多用于烹制豆腐、鲜鱼类菜肴。

道是家常豆腐。

做麻婆豆腐最好用生豆腐，也就是我们平时说的箱箱豆腐，不要用花生豆腐或者白玉豆腐，否则吃不出豆腐的味道。

麻婆豆腐的做法：把豆腐打成约 2 厘米见方或者再小一点的块。配料是蒜苗，最好把蒜苗切成蒜苗花。家庭熘豆腐，尽量从方便角度考虑，有牛肉臊子更好，没有牛肉臊子用猪肉臊子也可以，连猪肉臊子也没有，依我看熘素豆腐也行，加肉臊子，无非是菜的鲜味更好。我在家里熘豆腐是用猪油渣熘，一样好吃。

现在熘豆腐有一个通病，油重汤少。菜油用到什么程度好呢？汤用到什么程度好呢？可能很少人研究过。以前有几种说法，一是，最早的麻婆豆腐不用豆瓣，是用干海椒面；二是，最早的麻婆豆腐不用太和豆豉，是用坨坨干豆豉。现在，很多人做这个菜是两样都用，既用豆瓣，也用干海椒面。家庭做这个菜没必要两样都用，我认为还是宜用豆瓣，把豆瓣宰细，再用几颗太和豆豉。

豆腐打成块后在开水锅里氽一下，氽的时候放一点盐。氽过的豆腐嫩气，盐可以除去豆腐里的一部分卤水。这个过程，行业里谓之"除毛"。据我所知，大批量做这个菜，豆腐块不是用开水氽，而是用开水冲。无论是用开水氽，还是用开水冲，目的都一样，就是给豆腐块"除毛"。

豆腐块氽好了捞起来，锅里熥臊子，炒豆瓣。如果熘 500 克豆腐，用三四十克油便可以了，因为豆腐本身并不吸油，有好汤掺好汤，没有好汤掺白开水也可以，汤不要一次掺多了，把汤搅匀。豆腐倒进锅里，这时再看锅里的汤够不够，如果觉得汤少了，再加汤进去不迟。有些人一次就掺很多汤，豆腐下去，汤咕嘟咕嘟地开，简直就是在煮豆腐。那掺多少汤合适呢？汤与豆腐持平或者汤稍淹过豆腐一点比较好。此时便可以吃味了，丢几颗豆豉下去，如果豆瓣给的咸味够了，那酱油都用不着放了，如果觉得咸味还不够，可以加点酱油。熘豆腐不能用小火，要用比小火大一点的火力，说准确点，是用中火熘。熘一两分钟后，把蒜苗花倒下去。为什么用蒜苗花而不是蒜苗节呢？因为"花"比"节"出香味要好一些，而且成菜以后，形态也要好看一些。菜总共熘三四分钟，然后扯芡。

豆腐的扯芡相当关键，以前我写书也好，讲课也好，都一再强调不要一次就把芡扯够，要分几次下芡，可以先下一点芡，看它的浓稠度如何，如果感觉汤还是稀了，可以再去一点芡，直到汤浓稠为止。收芡，一定要收。所谓"收"，就是让芡在锅中烧稠一些。一次下芡多了，汤会起疙瘩，会成凉粉状，弄不好还会把汤收干了。

麻婆豆腐的特点是麻、辣、烫，它的烫不是靠油来体现，而是通过滋汁的保温来体现。麻婆豆腐的油并不多，只是豆腐面上一点油。豆腐起锅了，撒一点花椒面，用筷子一揽，香气便出来了。以前说麻婆豆腐下饭，用调羹舀豆腐下饭吃，那味道、那感觉别有一番情趣。有汤的豆腐才统得上味、巴得上味，如果汁收干了，豆腐接触的是油，味巴不上豆腐，效果就差多了。

以前陈麻婆豆腐店熘这样的菜是一锅一锅地做，是把芡收好了以后，把锅放在旁边的偏火眼上，火很小，在那里燖起。起初，你看得见锅里豆腐面上有薄薄一层油，但是等一锅豆腐舀走了，每一碗豆腐只有一点油，但都不多。油量的把控是做麻婆豆腐的一个关键，当然调味也很重要。

现在餐馆做的麻婆豆腐大多是油重汁少。麻婆豆腐的作料是靠汤来融合，豆腐的味是靠汁来依附。道理很简单，包括烧牛肉，它的鲜味也只有通过汤才出得来。我对一些厨师说："你们做的那是干烧豆腐，不能叫麻婆豆腐。"

熘得现油不现汁，不叫干烧豆腐那叫什么哩！那豆腐吃起来没有味，原因就是因为油多巴不住味。

下面再说家常豆腐。

以前行业里做家常豆腐，是先把豆腐改成片，渗透出来的水要滗去，然后把豆腐片放进锅里两面煎黄，家庭把这个程序称为煎两面黄。煎两面黄用的豆腐往往片开得薄、开得大，结果豆腐熘出来的效果不好。我建议，家庭做家常豆腐，豆腐片还是采用半煎半炸的方法比较好。所谓半煎半炸，就是油要放得比煎的多，比炸的少，豆腐片是煎，而底部又是在炸，炸又不是炸豆腐片的整体，是两面分别炸。用这种烹制方法，豆腐片要片得厚一点、小一点，约5厘米见方大小比较合适。为啥豆腐片要片厚一点呢？豆腐片在煎的时候要散失一部分水分。有些家庭做的"两面黄"之所以给人感觉是硬戳戳的，吃起来不软活，原因就是豆腐片的水分散失过多。

家常豆腐的主要配料是猪肉，是肥瘦肉相连的肉片，不能用净瘦肉，还有蒜苗，把蒜苗切成节或马耳朵形都可以，不一定要切成蒜苗花。

　　做家常豆腐的程序：豆腐炸了以后在锅里炒肉片，然后㸆豆瓣。有些人做这个菜，肉片不炒，等豆腐炸了，㸆豆瓣，掺汤，直接把肉片放进锅里。肉片要炒一下，吃起来才香。肉片炒了，豆瓣㸆了，掺汤，才是正规的做法。以前有一些人做这个菜还要搭一点甜酱进去，是在炒的时候搭。我认为，这个菜搭不搭酱无所谓，看各人的喜爱。有些人做这个菜还要搭点豆豉进去。我认为，做这个菜用不着加豆豉进去。锅里掺了汤才把豆腐放下去，放的汤量要比㸆豆腐用的汤量少一点。家常豆腐也是现油现汁的菜，也就是说，既要见得到油，也要见得到汁。烧到豆腐比较软活时才把蒜苗放下去。蒜苗烧熟了，扯芡。这时，根据汁的味道，如果觉得咸味不够，可以放一点酱油。汁收浓了，菜就可以起锅了，要让每一片豆腐都巴得到汁。肉在这个菜里的作用是增加菜的内容，增加菜的鲜味，不放也无所谓。

　　有人把家常豆腐称作熊掌豆腐。这不准确，为什么呢？据以前的老师傅们讲，熊掌豆腐的豆腐片只煎一面，另一面不煎，豆腐片煎了的那一面黄澄澄的，颜色像熊掌一样，故曰熊掌豆腐。不管豆腐片是煎也好，炸也好，不管豆腐片煎一面也好，煎两面也好，它的风味、做法都是一样，就是突出家常味。

　　以前一些老师傅在做熊掌豆腐的时候，包括做麻婆豆腐，还要适当地去几滴醋，只不过搭的醋量吃不到酸味。所以我经常说，能把糖醋用好的厨师，手艺也就差不多到家了。

　　烧菜品种很多，一般来讲川菜的烧菜都有一个荤素搭配的问题。当然也有烧净肉的，比如红烧肉。做烧菜要注意几个问题：

　　第一，根据成菜的要求、原材料的性质来确定菜品烧制时间的长短，时间短的，几分钟；时间长的，要用两个多小时，不能一概而论。

　　第二，所用火力大小，原则上，烧制时间越长的菜，火力要求相对要小；烧制时间越短的菜，火力要求相对要大，但也不能用大火，顶多用中火。

　　第三，烧制时间长的菜肴，一般来讲不需要扯芡；烧制时间短的东西，则多数要扯芡。因为烧制时间短的东西，味往往不能充分地渗透进原料里，必须靠芡汁统味巴味。

第四，烧菜一般都要求亮汁亮油，而且多数是汁重于油，不是油重于汁，但是绝对没有油也会影响菜的感官，也就是说，菜的色泽要受影响，甚至有的菜的质地也会因此受影响。即便是我们说的干烧的菜也不是绝对的干，干烧菜稍微放一会儿，一样要出水。比如干烧鱼就要求亮油不亮汁，但是因为鱼肉本身含有水分，稍微放一会儿，鱼肉里的水分一样要渗透出来。所以说，绝对现油不现汁的菜没有，凡烧的菜应该是现油现汁，而且应该是汁重于油。家庭做菜时，不该用油或不该多用油的菜不要用油或少用油，切莫学一些餐馆滥用油。

烧菜的品种很多，不一一举例说了。总之，烧菜是家庭做菜用得比较多的一种烹饪方法。我主张，家庭做烧菜尽量要做到荤素搭配，这也符合人们的健康饮食需求。

荤素搭配，第一，要掌握好主料与辅料的用料比例；第二，要掌握好不同原料下锅的先后顺序，有的要早下，有的就不能早下。蔬菜类的主料不能早下，比如烧莴笋、烧萝卜、烧土豆、烧芋儿，如果莴笋、萝卜、土豆、芋儿下早了，不等肉炪，它们可能早被烧得"魂"都没有了。而菌笋一类的东西就可以早一点下，因为用通俗的话说，它们都炖得过主料，主料烧炪时它也不会烧垮。

荤素搭配也是川菜的一个特点，是当今人们饮食健康的追求。当然，有些菜确实无法做到荤素搭配，比如姜汁肘子，至今我也没有想出它可以配什么素菜。有的主料本身脂肪不重，像鱼类，非要给它配素菜，那也没有必要。但是，有一些菜就完全可以荤素搭配，比如豆腐鱼，豆腐鱼也是一种家常风味的菜，鱼配豆腐一起做，又有啥不可以呢？再比如，以前把豆腐与海参配，把做家常豆腐的豆腐片炸了以后，和海参一起烧，叫家常豆腐海参，那也还是可以啊！实际上，它也是一种荤素搭配，而且它们成菜时，相互时间也没有大的影响，风味特点也比较接近。

炖与氽煮

家常菜的第四种烹制方法是炖。

炖，也是家庭做菜常用的一种烹饪方法。炖是靠水传热，以水作为导热介质，通过较长时间的加热使原料成熟、炪软。炖的成菜就是汤菜。炖，做起来比较省事。炖与烧相比较，用水相对多。

炖这种烹制方法，要注意以下几个问题：

一是一次性要把水掺够。

比如炖 1 只鸡该用多少水，大致应该有一个考虑，水掺多了会影响汤的鲜味；水少了，轻则会造成汤过于浓稠，重则会影响鸡肉的成熟。比如炖 1 只全鸡，那掺的水至少要把鸡淹过才合适。

二是根据人的多少决定量。

作为炖品来说，特别是炖全鸡、全鸭一类的菜，我认为要根据家里人口的多少、胃口的好坏来确定炖品的用量。比如两三口人的家庭，如果一次就炖 1 只鸡，那几顿都吃不完，到头来只有反复热，反复吃，热到最后肉都成渣渣了，味同嚼木，汤倒是越炖越白，但却是鲜味越来越淡。特别是炖鸭子，头天吃，香气扑鼻；第二天吃，腥味泛起；第三天吃，腥味、腻味一齐来，让你心不思食，难以下咽。所以我主张量人定食，买 1 只鸡回来，可以分为 4 份或 2 份，一次炖 1 份，当天炖的东西尽量在当天吃完，不要反反复复地热，来来回回地吃，吃得人倒胃口。

三是要讲究火候。

火候，要根据各人的要求来掌握，有些人喜欢吃炖得白、炖得酽的汤，要用大火，汤才白、才酽。用大火要增加用水量，因为汤少了，又是大火，汤容易炖干，而且汤味还不好。

不管炖什么东西，我主张清炖。所谓清炖，就是炖出来的汤清花亮色。无论是炖鸡、炖鸭，还是炖肘子、炖蹄子、炖牛肉都可以清炖。

现在有专门的炖器——紫砂锅。如果是清炖，只适宜用小火，时间要长，以使原料的营养成分充分溶解进汤里。清炖，实际上汤的营养成分很高，吃起来味道很鲜美。道理跟行业里吊清汤一样，营养、鲜味都溶化进汤里了。当然，吊清汤除了用鸡外，还可用鸭子、排骨等，用的原料要多一些，也就是说，行业里吊的清汤质量更高。

四是原料的前期处理工作要做好。

炖，如果原料的前期工作没有做好，特别是对原料的血污处理得不好，那么炖出来后汤面和锅周边会出现一圈乌黑的泡子，那就是血污，菜难看，味也要受到一定影响。以前，无论是炖牛肉、炖鸡、炖鸭，都要先"出水"。啥叫出水？就是烧开水，把原料丢下去煮一下，通过煮，把鸡、鸭、牛肉的血污煮出来，然后把肉捞起来，水倒掉，用清水将肉冲洗一下再炖。像炖牛肉，先不能把牛肉切成小块，要先将牛肉放进锅

155

里煮，把血污煮出来，再把牛肉捞起来，用清水冲洗干净，把煮肉的水倒掉，然后才炖。牛肉炖的成熟度差不多时，再切片或块。

以前炖东西比较讲究的人，在东西煮到一定程度的时候，汤还要经过纱布过滤，要滤得汤里见不到一点血渣渣。

五是炖东西的时候要加整姜、整葱进去。

葱绾成把，姜要拍破，若把姜切成片炖，太纤渣了。炖东西，可以去点绍酒，绍酒起除异味的作用，但不能放多了，否则汤里会出现绍酒的味道，影响口感。当血泡子撇干净后就可以把火关小，关到只见汤中心微微翻动即可，用行业内的话讲，汤要似开非开，好像在开，好像又没有开，这时的火力大小就合适了。每过一段时间，检查一下炖的情况。炖鸡，鸡一般用不着改刀。如果炖的鸡、鸭要改刀，那也是要等血泡子除净了才捞起来砍成块再炖。炖，一定要保持锅里清洁。炖的时间越长，原料的营养成分溶解进汤里就越充分，汤味也就越鲜。

煨汤最好用陶器。用大火汤倒是白，但是容易造成炖的肉质变老，用大火炖的鸡吃起来像嚼木头渣一样。清炖牛肉，水放多了会影响汤的鲜味。炖东西用水量很重要，水用少了，汤没有取够；水用多了，汤的鲜味又要受影响，所以炖的用水量一定要掌握好。以前做牛肉炖萝卜，多数人要加番茄。番茄用开水烫了，撕掉皮，切成大块，倒进汤里，待汤烧开了，把火关小，慢慢地煨汤。这样慢煨出来的汤，味道之好吃，真是不摆了。番茄炖牛肉，要想保持番茄的鲜味，菜起锅时还要加点盐进去，盐放进锅里或碗里都可以，盐在这里起定味的作用。炖菜根本用不着加味精，清炖的东西味都很鲜。

有些人吃炖的东西要配味碟。配什么样的味碟，要根据具体情况来定，炖的东西不同，配的味碟也应该不一样。比如清炖牛肉，味碟里一般用的是豆瓣，就是我们平时称的豆瓣碟子。把豆瓣宰细，用油炒熟、炒香，装进碟子里，加点花椒面，把香菜切细，一起拌匀，用来蘸炖牛肉吃。而有些人是对的红油碟子，那也可以，但要注意，红油碟子不能净是油，熟油辣椒要多放一点。我主张，清炖牛肉的味碟用豆瓣碟子配香菜，因为牛肉本身就服香菜。

炖鸡、炖鸭，以前家庭都不打碟子，即便打碟子，也喜欢打白油碟子。白油碟子就是酱油碟子。现在，有些人又在酱油里加点味精。炖的东西，我主张吃白味，不要吃得太辣、太麻。记得我小的时候，祖父炖鸡吃，他啥东西都不要，就是倒点酱油蘸肉吃，吃起来味道蛮不错，既能吃到鸡肉的鲜味，又不感觉味大。牛肉较服麻辣味，鸡、鸭却是吃白味好。

炖东西还可以配一些素料。有的素料可以与荤料同时炖；有的素料则要等荤料炖一定时间后才放进去。

如番茄炖牛肉汤，番茄就不能与牛肉同时炖。番茄炖牛肉的做法是：牛肉改刀成片，炖一定时间后才下番茄，番茄在锅里炖几十分钟、个把小时鲜味就出来了。牛肉炖萝卜，萝卜也不能下早了。像雪豆炖肘子，如果火力太小，雪豆炖得比较慢，用的火力比单纯炖肘子用的火力相对要大一些，它的汤也不属于清炖。白果炖鸡、海带炖鸭子就可以采用清炖的办法。

正规做白果炖鸡，应该是白果和鸡一起炖。另外提醒一点，白果的使用量不能太大，比如炖一只鸡，有三四十颗白果就够了。白果加工时要把芯子捅掉，因为按中医的说法，白果芯子有小毒。

海带炖鸭子用的海带，市面上卖的一种是咸干海带，一种是淡干海带。咸干海带有盐分，淡干海带不含盐，另外一种叫青带皮，是用水发制好了的。三种海带皮各有各的长处，想吃咸点的，就买咸干海皮，想吃淡点的，就买淡干海皮。有的人炖海带皮以前不泡海带，觉得这样味道要浓烈一些。他们用湿帕子把海带皮面上的盐分抹掉，改成块，直接就跟鸭子一起炖。炖海带皮火力大了，海带片要起涎液，如果是清炖，涎液要少得多。有的人买泡过的海带皮，还要把泡过的海带皮经过汆煮，目的都是为了避免海带皮起涎液。

除了炖鸡、炖鸭、炖肉外，还有墨鱼炖鸡。家庭做墨鱼炖鸡，将墨鱼淘洗干净，该去掉的东西去掉，该撕掉的东西撕掉，然后跟鸡一起炖。这种炖法，香味、鲜味要浓得多，同时墨鱼还不会被炖成渣。

与炖肉相近，做汤菜也是一种烹饪方法，这就是我们经常说的汆煮，比如汆丸子、汆肉丝、汆肉片。汆煮与炖相比，好在成菜迅速，操作不复杂。汆煮的关键在于火候的掌握，对原料有所了解，以及前期的正确加工处理。

用汆煮方法做菜，节省时间，是"急就章"的菜，来得快，而且汆煮这种烹制方法能最大限度地保持原料自身的特点，包括鲜味、嫩度。汆煮常做的菜肴像刚才讲的肉片汤、肉丝汤、丸子汤、连锅汤等，都有一个共同特点，尽管各个菜成形不一样，但都是用猪肉做的，而且用的都是鲜猪肉，都是以瘦肉为主，甚至是用净瘦肉。以前成都竹林小餐做的一道菜——肉丝罐汤，用的就是猪瘦肉。肉片汤用的是猪肉片，要求用的肉片要肥瘦相连。从成菜的口感和质量上来要求，有一些菜肉过于瘦了，并不见得效果就好。比如丸子汤的丸子就不能用净瘦肉，用净瘦肉氽出来的丸子吃起来不嫩、不滋润。同样，肉丝汤、肉片汤，用净瘦肉做当然也可以，但是加一定量的肥肉进去，吃起来感受就要好得多。另外，因为这些菜的瘦肉比例比较大，所以要保证鲜嫩，诀窍就在于要保持它的水分，要想办法给它补水。

我给大家讲一讲上述几个菜的制作方法：

首先讲肉片汤。

做肉片汤要用肥瘦相连的猪肉片。先用盐和水把肉片拌一下，但水不能太多，也就是让肉片的瘦肉充分吸收水分。加点盐给肉片一点基本味。在拌肉片的时候也可以去一点姜水。把肉片稍微揉动一下，滗掉多余的水，然后给肉片码水豆粉，可以适当地搭几滴酱油进去。

肉片汤的配料可以用白菜心，也可以用莴笋尖，两种配料用其一。另外，去一点粉条、黄花，还可以去一点番茄。番茄先用开水烫一下，撕掉皮后再切片。

具体烹制方法：

烧适量开水（用汤更好），放进一块拍破的整姜，放一点猪油，猪油先下后下都可以。汤烧开了，除番茄、粉条外，莴笋尖（或白菜心）、黄花统统都倒进锅里煮，同时去点盐和胡椒。汤如果完全没有油脂，莴笋尖类的蔬菜做出来就不好吃。当汤再度烧开后，将番茄、粉条倒下去，将肉片撒下去，用筷子把肉片轻轻拨散，锅里去一点葱花、味精，也可以搭几滴酱油进去，让其有一点颜色，起锅即成。

这样做出来的肉片汤吃起来滑嫩，味道鲜美。如果在七八月做肉片汤，配料可以改用丝瓜，去掉其瓤，表皮刮干净，只用瓜肉。有的人吃这个菜喜欢带香油味，可以在菜起锅时滴几滴香油进去。肉片汤清淡，吃起来滑嫩。

肉丝汤的做法与肉片汤的做法有相似之处。按照竹林小餐做肉丝罐汤的做法，基本上用的是瘦肉。其肉丝的切法与一般的切法有点不一样，切的是韭菜叶子形状，肉丝要宽点，但很薄。之所以把它叫"罐汤"是因为它的肉丝是在罐罐里汆煮出来的。它用铜罐，把底板（配料）放进铜罐里，汤也装进去，底板煮好后，将肉丝码芡、码味后抓进罐子里，轻轻将肉丝拨散，然后将罐里的东西倒进碗里，肉丝罐汤就做好了。

家庭做肉丝汤同样要以瘦猪肉为主，先给肉丝去点盐、水和姜水拌匀。其余步骤与做肉片汤差不多，只是在用料与成形上有一点区别。有些人做这个菜喜欢加一点木耳，其实可加可不加，但是黄花、粉条是非加不可的。

丸子汤是非常普通的一道菜，但是许多家庭就是做不好，甚至一些餐馆也做不好，有几个原因：

一是肥瘦比例不当。丸子汤的肉必须要有一定比例的肥肉，一般三七开比较合适，三分肥肉，七分瘦肉。

二是肉的处理不到位。所用肉一定要剁细，肉粒太粗了不行。

三是用蛋量没有掌握好。要根据丸子馅的多少来决定用多少蛋。比如说，250克肉的馅，用半个鸡蛋就够了，500克肉的馅，就用一个鸡蛋。在用蛋液前，先用水改，也就是说肉馅里要先去点水，还要加点姜米子进去。做家常丸子，有时还要搭点椒麻。什么叫椒麻？用水把生花椒泡软，然后混着葱叶子铡细、铡茸即是椒麻。生花椒与熟花椒不一样，各有各的风味。有些人做这个菜还要加点香菜进去，把香菜切细，然后把蛋液、香菜一起倒进馅里拌，拌得"起胶"，有点黏手，行业里说"上劲"了，就可做丸子、汆丸子了。馅的用水一定要恰到好处，用水多了，馅水渣渣的，用水少了，汆出来的丸子不嫩。

有些人做丸子还要加水豆粉，其实根本用不着加水豆粉。加水豆粉的丸子汤有两个缺点：一是丸子要翻硬；二是弄不好要浑汤。我在家里做丸子汤从来不加水豆粉，除非是因为不慎馅里的水放多了，不加水豆粉馅收不拢。

汆丸子前先准备一个小碗，装上干净冷水，再准备一把小调羹，左手用水打湿，抓一坨肉馅起来，指掌稍用劲，从大拇指虎口处挤出一个丸子来，用调羹舀一个丸子进入汤锅里，重复操作，直到馅肉用完。熬汤要丢一块拍破的整姜进去。我在家里做丸子汤，250克肉大致可以挤出20几个丸子来。丸子做完了，用清水把馅碗涮干净，洗碗的水倒进汤里。丸子汆一阵后捞起来。这时开始煮垫底的蔬菜，然后加点盐、胡椒吃味。这个垫底与做肉丝、肉片的垫底差不多，蔬菜可以用点白菜心，或者用莴笋片，或者用点丝瓜，另外放点黄花，有番茄放点番茄。有些人想做酱汤丸子，就是汤的颜色比较深，在拌馅的时候加点酱油进去，氽丸子时汤自然就带色了。当垫底的菜煮得差不多的时候，根据汤里油脂的情况，如果觉得油脂少了，可以再加点猪油进去。做丸子汤凡以蔬菜为配料，切忌盖锅盖，锅盖一盖，菜非变黄不可。菜煮到吃起来带脆时把丸子倒下去，放点味精、葱花，丸子汤就可以起锅了。做得好的丸子汤，丸子吃起来有劲，不是硬戳戳的，也不是散垮垮的。

行业内打鸡糁、打鱼糁都少不了一定比例的肥膘肉，就是因为有一定比例的肥膘肉，不仅丸子吃起来滋润、口感好，而且丸子都漂在面上，挺好看。

上述三样汤菜，虽然所有肥瘦肉比例不一样，但是它们的配料、操作程序基本上都差不多。氽熟的东西忌在锅里的时间久了，特别是肉丝、肉片。所以，我一再坚持，肉一滑散就起锅才能保证吃起来滑嫩。肉丝、肉片煮久了，要么会把穿的"衣服"煮掉，要么会造成肉质变老。肉丝、肉片刚放入开水锅里时，跟炒菜一样，不要一下锅就搅，只需用筷子轻轻地拨一拨便滑散了。如果想肉的成熟度保险一点，顶多让汤再开时起锅就行了，不能再煮。这三种汤的烹制方法我们把它归纳为"氽煮"。

用氽煮制成的汤菜很多，如肝片汤、冬菜腰片汤、酸菜鸡丝汤、清汤鱼丸，等等。连锅汤也是氽煮而成的一道汤菜。

连锅汤有两种做法，一种是用熟肉做，另一种是用生肉做，叫生烧连锅汤。连锅汤的配料不复杂，加冬瓜，就是冬瓜连锅汤，加萝卜，就是萝卜连锅汤，菜头上市时加菜头，就是菜头连锅汤。做连锅汤有两点要求：

第一，不管是用熟肉还是用生肉做连锅汤，所用的肉都要求带皮。

第二，不管是用生肉做还是用熟肉做连锅汤，肉片都要求切薄。有的人把做回锅肉的肉用来做连锅汤，那不好，肉太厚了。以前做连锅汤，是用片好的白肉来做，可想而知连锅汤用的肉片有多薄，现在达不到那个水平，但把肉稍微切薄点、长点，总还是可以的嘛！

如果是做生烧连锅汤，要选皮薄的猪肉，如果皮子厚了，一时半会儿煮不熟。不知大家注意到没有，不管是烧也好，煮也好，肉只要煮上两三分钟，一样嚼得动。我试过，并非肉要煮耙了才好吃。有时我还觉得，肉就是要煮得有点骨力，吃起来才有嚼头。连锅汤如果用生肉做，肉要先煮。做连锅汤与做前面讲的几种汤不一样，连锅汤要求汤白。怎样保证汤白？就是在煮肉的时候火力要大，汤要略宽一些；另外放点姜，有的还要放点生花椒。肉煮得差不多了，把配料倒下去一起煮，也就是先煮主料，再煮配料。这样，主料、配料的成熟度就比较一致了。如果是用熟肉，那就先煮垫底的菜，后煮主料，但不管怎么说，要求汤要带白色，不是我们平常讲的清汤，而是我们平常称的浊汤、浑汤。有的人在汤里不加味，就是吃本味，如果搭蘸碟，用豆瓣碟子也可以，用红油碟子也可以。

　　汆煮的菜中，有一些也不完全属于汤菜，比如川菜中比较有代表性的菜——水煮菜，像水煮牛肉、水煮肉片，也是一种汆煮菜，但是又不能把它们归为汤菜。

　　水煮牛肉是水煮菜中的代表菜。以后又出现了许多水煮菜，比如水煮肉片、水煮鱼、水煮大虾、水煮豆腐，等等，都叫水煮菜，风味都一样，只不过主料变化了而已。为啥我要专门说一下水煮这个菜呢？因为水煮菜是川菜中比较有代表性的菜，而且它是川菜麻辣味中比较典型的一道菜。

　　按照传统的做法，水煮菜的配料一般只用三种，第一种是我们说的莴笋尖，切成片；第二种是蒜苗，切成段，将蒜苗头拍破；第三种是芹菜，切成段。三样东西中，蒜苗、芹菜带有芳香味。牛肉要选精肉，把肉切成片，不能切厚，现在好多人做水煮牛肉都把片切得很厚。根据许多人的经验，肉片切好以后用水泡一下，泡肉片的水要加点苏打，水里加点苏打的作用有点像现在厨师做水煮牛肉加嫩肉粉，目的是为了肉嫩。注意苏打不能加多了。用水泡肉，是为了增加肉的含水量，一般泡三四分钟就可以了，然后把肉片捞起来，码味、码芡。芡要码厚一点，所谓厚，是说用芡比较多。为啥这里用芡要多呢？因为以前做水煮牛肉，另外不再加芡，就是靠码味、码芡，多余的芡就可以把汤汁收浓。我看现在很多人做水煮菜，一是不统一，二是不规范，他们做水煮牛肉是用油滑起来的，成了变质的水煮，已经违反了基本的操作规程。

　　以前做水煮牛肉是，锅里放点油烧热，放点盐，先把垫底的菜煸炒一下，铲起来。锅里再放点油炒豆瓣，把豆瓣炒出颜色和出香味后，将垫底的菜重新倒进锅里，一起炒一下，再掺汤煮。煮的时间不能太久，因为垫底的菜煸炒过，然后把垫底的菜打起来装进碗里。待汤再烧开时，

话说家常菜

把码好味、码好芡的牛肉片抓进锅里，稍稍烫一下，用筷子把牛肉片拨散。因为牛肉片芡用得重，多余的芡便起了扯芡的作用。把带稀糊浆的汤汁舀起来，浇在垫底的菜上，撒上刀口辣椒、刀口花椒，淋一点滚油上去，菜就做成了。

水煮牛肉的风味特点是菜烫、麻辣味重。菜烫，是芡汁护温的效果。人们说水煮肉片是越吃越清，吃到后头剩下的就是一碗汤。有些人做这个菜，最后还要去点蒜米、葱花、香菜，我觉得这是多此一举。

做水煮牛肉关键在掌握火候，氽煮牛肉片的时间不能长，肉片一滑散，汁一收浓，菜就要起锅。现在一些厨师做这个菜喜欢靠嫩肉精、松肉粉来解决肉嫩的问题，但是，一旦这些东西用量大了，所做出来的菜根本吃不到牛肉的鲜味。

以前的老师傅们做菜，用的牛肉可能还没有现在的牛肉好，那时也没有什么嫩肉精、松肉粉，但做出来的牛肉就是嫩、好吃。其关键就在于，以前的老师傅们普遍烹饪技术都高，火候也掌握得好。水煮牛肉实际上是一个氽煮的过程，牛肉在锅里整治久了，肉质不老才怪。别说烹制牛肉，就是烹制猪肉，要是原料在锅里的时间长了，肉质照样老。用我们的话说，做水煮牛肉，肉下锅1分把钟，菜就要起锅。牛肉做菜有一个特点，火候掌握得好，肉下锅时间短，肉吃起来嫩。过了火候，那只有烧，只有炖，要用几个小时烧制，牛肉才会炟。

现在做水煮鱼，鱼用不着码水豆粉，如果是鱼片，可以码水豆粉，如果用的是小鱼，可以略煮一下后扯芡。还可以做水煮豆腐，做法是：垫底的菜烧好后捞起来，将豆腐切成片，倒进锅中用汤烧一下，然后扯芡，芡扯稠了铲起来，面上撒上点刀口辣椒、刀口花椒，淋点滚油，水煮豆腐就做成了。

水煮菜不好归类，既不能说它是烧的，也不能说它是炖的，它就是用氽煮的方法做成，所以，我把水煮归入氽的范围。包括现在的所谓江湖菜，还有冒菜，实际上，它们也是带氽煮的性质。"冒"的字义，就是时间短的意思。冒，其实也是一种氽煮的方法。

烧与烩

在家常菜的制作过程中，有一种烹制方法与烧的方法相近，我们称它为烩。烩，是指用两种或两种以上原料，且都是熟料或者易于成熟的原料，加汤、加味，通过加热制作成菜的方法。烩菜保留了烧菜的一些特点，但是烩菜又不完全等同于烧菜。在烹制时间上，相对而言，烩比烧用的时间要短得多，因为烩菜所用的原料要么是熟料，要么是易熟的材料。

做烩菜应该注意的一个问题就是在操作中要把握好味。烩菜在做菜中的一个环节，就是行业内说的"打葱油"。啥叫打葱油？就是把葱切成葱段，把姜切成姜片，锅里去点猪油，油烧热后，将葱段、姜片倒进锅里炒，待葱、姜炒香了时，掺汤煮一下，然后把葱段、姜片捞起来倒掉，因为葱、姜的味已被收入汤中了，此谓之打葱油。通过打葱油出来的鲜味，与放味精、放鸡精出来的鲜味迥然不同，葱、姜有除异增鲜、增香的作用，味精、鸡精却不具备除异的功能。在餐厅里，做一些高档的烩菜往往用的是清汤，味道很鲜，但在吊汤的过程中也是用了姜、葱、绍酒这些原料的。烩菜多数比较清淡，因此汤汁的味道显得特别重要，懂得了打葱油，汤汁的增鲜问题就迎刃而解了。哪怕你做菜没有用汤，用的是白开水，但因为原料本身带来的不正常味道，如动物性原料带来的腥味，那也需要通过打葱油来使汤达到除异增鲜、增香的效果。

烩菜大致的烹制程序：把姜、葱下锅炒香，掺水，经过熬煮，当汤白了时下原料，原料一煮过心，便扯芡起锅。举几个菜例：

第一个菜是荤配素的菜：金钩冬笋。

虾的干制品叫金钩，有的地方叫开洋，有的地方叫虾米。将金钩用清水淘洗一下，以除去一部分盐、渣，然后掺汤（以前餐厅是用清汤），放点料酒，放入笼中蒸。用行业内的话说，硬是要把它蒸涨，也就是说要把金钩蒸透、蒸熟。但是，现在许多餐馆的金钩冬笋不是这样做的，他们将金钩用水淘洗一下便下锅混着一起做，结果往往菜起锅了，金钩吃起来还是硬戳戳的。尽管金钩也可以生吃，但是做这个菜的一个重要目的是要取金钩的那种味道，一两分钟，金钩的味能取得出来多少？

冬笋有两种，一种是罐头冬笋，叫清水冬笋，另一种是鲜冬笋。买回来的鲜冬笋要把壳剥掉，用刀削去表皮，用水煮熟，切成片，然后打葱油，蒸金钩。把蒸熟的金钩连同原汁倒入锅中，冬笋片也倒入锅里一起烩。一般地讲，只要原料烩过心了，也就是说把原料心烧熟了就行了，所需时间2～3分钟。接下来吃味，然后扯芡，芡不能扯得太厚，扯成二流芡就可以了。有的人在扯茨的同时，还要去点化猪油（或化鸡油），这样可以使汤汁更显光泽。金钩不仅有自身的特殊鲜味，而且还带有一定的咸味，姜、葱又带有它自身的鲜味。

如果是做金钩白菜，行业里的做法：将白菜心用水汩熟，再跟金钩一起烩。家庭烹制金钩白菜用不着如此做，可以在汤熬好了时把姜、葱捞起来，白菜倒下去一起煮，煮到一定程度时下金钩，待白菜帮帮炒了时扯茨起锅。

如果是做金钩冬瓜，可以先把冬瓜煮一煮，然后把冬瓜开成片，余下的做法与做金钩白菜的方法差不多。如果仍然是用冬笋，同时把金钩换成腊肉片一起烩，可以做成腊肉烩冬笋，其他如腊肉烩白菜、腊肉烩菜头也都是好菜。这些菜不仅味清淡好吃，而且也是荤素搭配比较理想的菜。用烩的方法，只要原料稍加变通，便可以做出许多菜来。

第二个菜例是素配素的菜：香菇烩葵菜。

葵菜就是冬寒菜。香菇在使用前先要进行前期处理。如果用的是干香菇，第一步先要用水泡香菇，泡后把香菇含泥沙的根部去掉，经过几次换水淘洗，然后改刀；第二步，给香菇加姜、葱、鸡油，去点汤，放入笼中蒸熟，有油脂，香菇的香味才提取得出来。如果是用鲜香菇，先要把香菇淘洗干净，再倒入锅中烧，因为它已经有味，也放了猪油，完全能够促使香菇含的蛋白质和氨基酸分解。香菇烧得差不多了，下冬寒菜。冬寒菜一般只用菜心，冬寒菜使用前先用开水氽一下，然后才同香菇一起烩。家庭做这个菜，冬寒菜可以不氽就跟香菇一起烩，原料熟了后放点盐、胡椒吃味，然后扯茨，茨扯好了，放点味精就起锅。

烩的菜都带有一定量的汤汁，但不会现油，因为油经过打葱油的熬煮，已被溶解到汤里了。行业里在菜起锅时，有的要放点猪油或者鸡油，其目的是增加一点菜的光泽度。素配素的菜在打葱油时，油要放重一点，如果油、特别是荤油放少了，吃起来不好吃。家庭煮菜稀饭为啥要放点盐、放点荤油？因为加了荤油，菜稀饭才好吃。

三鲜豆腐是荤配素的菜，也是烩菜。

这个菜中的"三鲜"，习惯是指猪的心、舌、肚。这三样东西也可以用素料来代替，譬如把它做成三菌豆腐。三菌是鸡腿菇、茶树菇、香菇。用三菌配豆腐烩，方法与前面菜的烹制方法差不多。可以用鸡汤来做这个菜。

厨师做菜，有些程序是不能少的，譬如烧的菜，无论是烧白味的菜，还是烧原味的菜，要下整姜、整葱。烩菜不能去整姜、整葱，你可以用打葱油的办法来体现姜、葱在菜中的作用。打葱油是做烩菜必不可少的程序。

烩的菜都比较清淡，又麻又辣用在烩菜中效果不好。举例讲，金钩烩白菜、火腿烩冬笋、腊肉烩冬笋，如果加豆瓣，那有啥吃头。再高档点的如干贝烩菜心，它是干贝加料酒、加汤放进笼里蒸发，然后弄成丝丝，再混到一起做菜。这些菜都不适宜吃辣味。家里做菜，可以把烩的菜和厚味的菜搭配一下，譬如做两样比较辛辣的菜，再做两样比较清爽的菜，使口味有所调剂。

田席·"四姨妈"·蒸菜

家庭用得比较多的另一种烹制方法是蒸。以前做蒸菜是行业内的一个专门工种。在成都地区的餐饮行业里，做蒸菜的厨师被称为"笼锅师"。蒸菜，是利用水蒸气使原料成熟的一种烹制方法。

蒸菜有它自身的特点。无论是在农村也好，还是在城市也好，婚丧嫁娶都要办筵席。在农村，称这种筵席为田席，顾名思义是摆放在田坝头的席桌。田席的量一般都很大，动辄就是几十上百桌，有的还吃成了"流水席"，从早到晚，吃席的客人不断线，所以才有田席之称。田席的主要内容及主要菜品是以蒸、烧、炖、拌的菜为主。据老师傅们讲，蒸菜的主要品种是"四道皮"，就是肘子、蒸肉和甜（咸）烧白。这四道菜是田席不可缺少的菜品。有一些老师傅开玩笑，把这四道菜叫作"四个姨妈"，分别称"大姨妈""二姨妈""三姨妈""四姨妈"，四个姨妈都请齐了，那就可以做田席了。

农村办筵席是以猪肉、家禽、蔬菜为主，办田席蒸菜唱主角有几个好处：第一，农村办席量大，只有蒸菜才能解决问题。第二，蒸菜可以提前大批量地加工，而且菜比较量化，因为它们都是定碗制作；第三，菜的原形不变、原味不失。

农村办筵席，川东地区称之为"三蒸九扣"，城里人则叫它"肉八碗""九斗碗"。实际上，都是讲农村的筵席是以蒸菜压阵，所以说蒸菜是非常贴近老百姓的菜，是非常具有农村风味的菜。

以前，做菜的笼锅师除了做蒸菜外，还要帮助炉子、墩子搞半成品加工，譬如鸡糕、肝糕，做一些清蒸菜式。清蒸菜式中的全鸡、全鸭都是通过笼锅来蒸制。香酥鸭是很有名的菜。香酥鸭的制作方法：将鸭子码盐、码五味香料后，放入笼中蒸㶽，再放进锅里炸一下，鸭子皮炸酥了就装盘，刀都不动，因为鸭子已经蒸得相当㶽了，用手轻轻一拉，鸭骨与鸭肉就分开了，配一点生菜便可以上桌了。再譬如白汁鸡，都是在笼上蒸好，再在炉子上挂汁便可走菜了。墩子做的像蒸鸡糕，特别是蒸一些有造型的菜式，如那两年流行的熊猫、蝴蝶呀，凤尾作为配料的鸽蛋饺，还有鸭儿蛋、芙蓉蛋，都是通过蒸来制作，通过笼来定形，蒸好了才交给墩子上，墩子再根据需要，对菜进行结合、配搭。

做蒸菜中的有些烧菜也要利用笼锅，特别是一些含胶质重的原料，大量的烹制时间不是在炉子上，而是用在笼锅上。

举两个例子。

第一个，烹制牛筋。

牛筋的胶质很重，如果长时间在炉子上㸆，那可能不是把汤汁㸆干，就是把原料㸆巴锅，影响成菜的质量。

第二个，烧鸡翅膀，即我们说的生烧"大转弯"。鸡翅膀胶质同样比较重。以前做烧鸡翅膀的方法：给鸡翅膀吃好味，倒入锅中烧一会儿，然后将鸡翅膀倒入盆中，放进笼锅去蒸。当鸡翅膀蒸㶽后从笼锅中取出，走菜的时候，该勾芡的勾芡，不勾芡的就直接装盘走菜。相当一部分烧菜都要通过笼锅来完成一部分烹制。

蒸这种烹制方法，根据它成菜的特点及用料的不同，可以分为三种：第一种是清蒸；第二种是旱蒸，也叫干蒸；第三种是粉蒸。

先讲清蒸。清蒸，一般来讲，在蒸的原料中，除了要加一些增鲜、除异、增香的材料外，还要加适量的汤。譬如做清蒸鸭子、清蒸鸡，除了要码姜、葱以外，有的还要放点绍酒，在蒸以前，有的还要氽一下水，然后将原料装入大蒸碗中，掺汤后一起蒸。

清蒸与旱蒸的关键区别在于，是用汤还是不用汤，用汤的叫清蒸，不用汤的叫旱蒸。

譬如蒸鸡糕，鸡糕本身是糁做的，将鸡糁熬好了以后装入盘中，直接上笼蒸。这种蒸法人们就叫它为旱蒸。以前有一种回锅肉就叫旱蒸回锅肉。旱蒸回锅肉的猪肉不是煮的，而是蒸的，它是把做旱蒸回锅肉的那一块猪肉装入盘中，不掺汤，直接放入笼中蒸熟了再改刀、烹制。旱蒸这种烹制方法在家庭中用得不多。譬如家庭做蒸带鱼，一般是放点姜、葱、胡椒，有的还要放点猪油，可以掺汤，也可以不掺汤。由于鱼本身含的脂肪不多，因此，为了保证鱼的嫩度，还要考虑给它补充一部分油脂。以前川菜做清蒸鱼为啥要裹猪网油，目的就是为了保证鱼的嫩度。做清蒸鱼用网油包裹，除了能给原料补充一定量的油脂外，关键还在于它能起隔离保护的作用，不让水蒸气直接接触菜，成为菜的保护层。掌握好清蒸的蒸制时间很重要。

蒸这种烹制方法，家庭做得多的可能是蒸蛋。蒸水蛋也好，蒸嫩蛋也好，为什么很多家庭就是蒸不好？因为他们把蛋打破，蛋液倒进碗里，用筷子搅匀，加点胡椒、猪油，便放进笼里去蒸，没有给蛋液加水。为啥广东叫蒸水蛋？我们叫它是蒸嫩蛋？它的含意很清楚，就是蒸蛋要加水。蒸蛋加水要加温水，不能加冷水。

蒸嫩蛋的制作方法：把蛋敲破，蛋液倒进碗里，放点盐、胡椒、猪油，用筷子搅均匀，加点温水，再用筷子搅动均匀，然后才放进笼里去蒸。这样蒸出来的蛋，除了看起来量大外，吃起来也比较嫩。我曾观摩过日本厨师做蒸蛋，那是搞表演，他们做蒸蛋的时候用一个茶盅，茶盅里放进一定量的胡萝卜泥，在胡萝卜泥上面灌蛋液，给茶盅盖起盖子，放入笼中蒸熟。以前蒸的有些东西，譬如蒸糕，为啥盛具上面要蒙一层皮纸或者草纸？蒙纸，那是为了避免在蒸的过程中蒸汽水滴到原料表面上，麻麻点点的，很难看。

嫩蛋又叫芙蓉蛋。芙蓉蛋有两种，一种叫白芙蓉蛋，一种叫黄芙蓉蛋，白芙蓉蛋只用蛋清，黄芙蓉蛋是蛋清、蛋黄一起用。以前的川菜中有一道菜，名字叫芙蓉八丝汤，它是汤菜，但又以蛋为主，在芙蓉蛋的面上镶八种丝料。啥叫丝料？原料切成丝叫丝料。

做清蒸菜，家庭蒸全鸡、全鸭的少，其原因一是蒸全鸡、全鸭要用蒸笼，一般家庭里都没有准备这种家什；二是大家觉得蒸不如炖来得撇脱[①]。尽管蒸菜有那么多好的特点，但是大家仍然认为操作起来并非那么

---

① 撇脱，四川方言，简单、方便的意思。

容易，特别是在器皿上，家庭要受一定的限制。四川的家庭做清蒸鱼的也不多，因为做清蒸鱼的汤十分讲究。

在蒸菜中，四川家庭做得最多的是粉蒸菜式，当然，四川家庭也做一些旱蒸菜。做旱蒸菜有一个好处，它用不着掺汤，譬如蒸甜烧白、咸烧白、八宝饭。

下面讲第一个旱蒸菜菜例：八宝饭。

八宝饭的主料是糯米。糯米先要煮一下，或者把糯米直接蒸熟，也就是说做八宝饭，先要把糯米做成酒米饭。趁酒米饭热的时候放点猪油，如果需要上色，就要放点红糖水，如果不需要上色，那就放点白糖，然后把酒米饭、猪油、糖一起拌均匀，加八宝料，八宝料指的是芡实、苡仁、百合、莲米等果料。有的人做八宝饭还要加点蜜饯，譬如加橘饼、冬瓜糖等，有的人还要加点熟肥肉丁。把八宝料和酒米饭拌匀后装入碗中，上笼蒸熟、蒸透。八宝饭蒸熟了，从笼中取出来，翻入碗中或者翻入盘中，面上撒一些白糖，八宝饭便算做成了。

有一种八宝饭叫蜜汁八宝饭。它的做法：锅里掺少量水，加点白糖、蜂蜜，有的还要勾点芡进去，一起熬酽，把熬好的蜜汁淋在蒸熟的酒米饭上，一道蜜汁八宝饭就做成了。还有一种八宝饭叫冰汁八宝饭，冰汁就是用冰糖熬化。蜜汁八宝饭也好，冰汁八宝饭也好，撒白糖做的八宝饭也好，谈不上谁优谁劣，完全是根据各人的喜爱。现在，又有人做出菠萝八宝饭，菠萝八宝饭只是把菠萝作为一种盛具，与其他八宝饭在内容上并无大的变化。

第二个旱蒸菜例：咸烧白。

这个菜家庭做起来一点不麻烦。

咸烧白的主料是猪五花肉，它的配料，传统上要求用冬菜，现在多数人喜欢用芽菜。芽菜有两种，一种是咸芽菜，一种是甜芽菜。以前，四川最有名的芽菜是叙府芽菜，就是甜芽菜，颜色浅，吃到嘴里回味带甜。以前行业内做肉臊子或者做点心馅都喜欢用甜芽菜。四川最有名的咸芽菜是南溪芽菜，其芽菜颜色较深，吃到嘴里咸味明显。现在人们做菜多数是用的咸芽菜。以前，四川做菜的配料还有冬菜。四川资中、南充等地产冬菜。用冬菜做菜比用芽菜做菜味道好，因此传统上做咸烧白都要求用冬菜。据我所知，用大头菜做咸烧白的也有。虽然咸烧白是"瓦盖草"，但它所用的"草"量不小，所谓的"瓦"，指的是咸烧白肉片；所谓的"草"，指的是做咸烧白的配料，如芽菜、冬菜、大头菜等。

如果以冬菜为配料，咸烧白的制作程序：将冬菜淘洗干净，挤干水分后切细。五花肉要基本上煮熟，然后将肉皮一面放到火上烧制。家里做咸烧白用不着像餐馆那样正规，五花肉煮熟了，趁肉热时，给肉皮上抹一点酱油，抹酱油的目的是给肉皮上一点颜色，然后把肉稍微晾一下，让它"收汗"。接着，锅里放少许油烧热，将油荡开荡宽，把肉皮一面贴着锅爆，直到肉皮颜色出来。做菜前，先把肉块切好，以 9 ~ 11 厘米宽为宜，将肉块横切为片，每片 3 ~ 4 毫米厚，接着定碗。所谓"定碗"，就是用一个蒸碗，肉片皮子向下，一顺风地竖排整齐，两边再镶摆一片肉。餐厅摆肉片是一顺风摆 8 ~ 10 片，两边再各嵌 1 片，一共是10 ~ 12 片肉。家庭做咸烧白可以多摆几片肉。肉片摆好后取几颗太和豆豉，切几根辣椒节，加上冬菜或者芽菜拌一下，将拌好的冬菜或芽菜摆放在肉片上面，然后送入笼中蒸熟，咸烧白就算做好了。

咸烧白还有一种变通的做法，人们把这种变通做出来的咸烧白叫水煮烧白。做法：水煮烧白的那些材料前期加工完全一样，只是要加汤，它是用煮制的方法来成菜的，但一样保持了咸烧白的风味，无非只是减少了定碗这道程序。该法用的冬菜量要小一些，火力用的是中火，因为所用肉是熟肉，成菜以后菜中要见得到汤。

粉蒸菜的名字中为啥都有"粉蒸"二字？因为做这种菜都必须用米粉子拌和原料蒸制而成。家庭用粉蒸菜方法做的菜比较多，像粉蒸牛肉、粉蒸排骨、粉蒸鳝鱼等。所用的米粉现在市场上有卖的。以前用的米粉子都是自己炒、自己打的，在炒的同时加一点香料进去，所以以前餐厅卖的蒸肉牌子上要写米粉蒸肉或者粉蒸肉，有的还打出五香蒸肉的牌子，因为菜里面加了香料。五香蒸肉是吃五香味，是咸鲜味略略带一点甜，以咸鲜味为主，突出五香味。现在有一些人又把它做成家常粉蒸肉。家常粉蒸肉是在粉蒸肉的基础上加豆瓣，把豆瓣炒一下，一起拌，然后将肉蒸熟，吃起来带辣味，故称为家常粉蒸肉。以前的粉蒸肉都是吃五香味。那么，哪些菜是吃家常味的呢？粉蒸牛肉就是吃家常味。粉蒸牛肉不仅要用豆瓣拌，菜起笼时还要加红油、蒜泥、香菜，把这几样东西混着牛肉一起拌好了才动筷子吃。原因是牛肉的腥味相对要重一些，要靠这几样东西把牛肉的腥味压住，除异增香。蒸菜用的米粉不能打得太细，不然做出来的菜不疏松，容易起饼饼；米粉打得太粗了也不行，可能会蒸不透、蒸不熟，吃起来不好吃。

家庭一般是用带蒸格的铝锅，行业内则不一样，一般是用铝皮蒸笼。铝锅蒸菜容易上水。所谓"上水"，是指笼中蒸汽凝结成的水珠滴落到菜上，谓之上水。出现上水，是由于蒸笼密闭，大量水蒸气出不去，水蒸气遇笼盖外部冷空气受冷凝聚成水珠，水珠重了会滴到菜面上。为啥有的蒸菜面上水渣渣的？我们称之为上水了，包括粉蒸肉、咸烧白，菜面上不干酥，原因也就在这里。那么，以前做的蒸菜翻出来为什么又是干酥酥的呢？这中间有一个道理，因为以前蒸菜用的是竹蒸笼，竹蒸笼蒸菜，水汽可以从笼子的缝隙中透出去，水蒸气不会凝聚成水珠，所以也不会出现返水现象。鉴于此，我建议餐馆做蒸菜改用竹笼，让水蒸气有出路，特别是做蒸糕类的东西，以避免出现返水的现象。

做粉蒸肉要掌握好操作程序，譬如勾对作料，它除了需要掌握好用量外，还应该掌握好用料的先后顺序。粉蒸肉用的作料有咸红酱油、醪糟、红豆腐乳水（现在市场上卖的王致和豆腐乳的豆腐乳水也可以用）、姜米子、红糖、椒麻，把这些调味品一起拌匀。各种调味品用多少，要根据肉量的多少来决定。将肉片倒进调味盆中拌匀，把米粉倒进盆中再揸匀。作料不能放太多了，否则拌出来的东西太稀，那只有靠加大米粉来收多余的水分，这会造成米粉用量过多的后果；米粉用少了，又会造成味不浓的后果，所以以原料拌出来略略见得到一点汁水为好，然后将米粉倒进盆中揸匀，让每一片肉都能裹上米粉子。接着定碗，粉蒸肉的定碗与咸烧白的定碗差不多。再后是做垫底的菜，粉蒸肉垫底的菜有几种，新鲜豌豆、红苕、南瓜都可以，有的人甚至还用排骨作为垫底。肉片排摆好了后，用垫底的菜去填满，最后将粉蒸肉碗放进笼中去蒸。粉蒸肉一般蒸两三个小时，粉蒸肉要蒸耙才好吃，用行业的话说，它是火工菜。

粉蒸肉还有变通的做法，家里做蒸肉可以不定碗，人们叫它刨花蒸肉。"刨花"者，木刨花也。刨花蒸肉的肉片不强求按规格来改，因此做出来的粉蒸肉的肉片大小、长短差异较大，恰似木刨花规格不一样，故曰刨花蒸肉。粉蒸肉用的肉片，正规要求是每一片大约为12厘米长、3厘米宽、5毫米厚。做刨花蒸肉用的肉片，长了、短了、宽了、窄了无所谓，完全可以根据材料的具体情况改刀。它可以加垫底的菜，也可以不加，肉拌好了，装在盆子里就可以拿去蒸，不需要定碗。

以前还有一种蒸肉，名字叫颗子蒸肉。

做颗子蒸肉是把不成形的肉原料切成小丁颗，按照做粉蒸肉的方法拌好，可以加点豌豆或者土豆、芋头丁颗一起拌均匀，放进蒸笼蒸熟。

有一个蒸肉品种适合夏季，名字叫荷叶蒸肉。荷叶蒸肉的做法与其他粉蒸肉的做法有点不一样，它是用荷叶包裹，用的猪肉要求要肥肉、瘦肉都有，一片肥肉搭一片瘦肉，而且肥肉必须带皮，蒸肉不带皮也不好吃。荷叶蒸肉的做法：先把肉拌好，再把荷叶切成片，一张大荷叶大约切8片，在荷叶片上先放一片肥肉，接着抓几颗拌好的青黄豆放在肥肉上，用一片瘦肉盖上去，然后把肉包起来。记住，是包不是裹。每个荷叶肉包的包口向下，一个一个依次地摆放在蒸碗里，然后将蒸碗放进蒸笼里蒸。肉蒸熟了该走菜时才将荷叶包捡放入盘中。

还有南瓜蒸肉，南瓜不是打底用，是用来装蒸肉。做法：把南瓜的皮削掉，切成块，将每块南瓜的中间挖出一个凹槽来做碗用，把拌好的蒸肉装进南瓜凹槽里，装好了后放进蒸笼里蒸熟。

除了做蒸肉外，还可以做蒸排骨，蒸排骨用的肉排骨一般选签子排骨。还可以做蒸牛肉，蒸牛肉一般宜选用牛的精瘦肉。蒸牛肉的时间不能长，大约蒸10分钟，蒸的时间长了，肉质反而会变老。蒸牛肉从传统上来讲，都习惯用小笼或者圆笼，小笼一般是特制小笼。成都有名的治德号小笼蒸牛肉用的就是特制小笼，一个蒸笼只蒸几片肉。蒸牛肉用的圆笼要比特制小笼大一点，它是将肉装进笼里蒸，肉蒸熟了，连笼一起端上桌，菜上桌的时候还要加点蒜泥、熟油辣椒、香菜，用筷子把它们拌和起来吃。

素料也可以蒸，对于喜欢吃粗粮的人来说可以多做，譬如可以做蒸南瓜。蒸南瓜是吃南瓜的本味，因此制作时可以加点糖、加点醪糟，需要吃点盐的还可以适当加点盐，加上米粉子，跟南瓜一起蒸，最后装碗但不定碗，东西装进去成块状。另外，蒸菜中还有粉蒸鸡、粉蒸鱼。粉蒸鱼在用料上不一定像粉蒸肉那样做，看你突出啥子，有的做粉蒸鱼蒸出来是白色，另外再去点红油，增加它的辣味。总之，这类蒸菜完全是根据各人的口味、习惯来做。

甜烧白作为一道甜菜，特别适合老年人吃。甜烧白与夹沙肉是不是一个菜？这件事，我也说不清楚。以前，我曾就此事问过许多业内人士，他们说，甜烧白与夹沙肉就是一个菜。我在想，咸烧白不是切的火夹片，那么，甜烧白是不是非要切火夹片呢？由此我判断，甜烧白与夹沙肉可能不是一回事，甜烧白应该就是不夹馅，把一片片肉摆起，用酒米饭打底，蒸熟了翻进盘子里，撒点白糖就吃，可能这才是传统的甜烧白，而夹沙肉则要夹洗沙馅。现在，一般人都把夹沙肉当成甜烧白了。

甜烧白的主料是保肋肉。做法：把保肋肉煮熟，趁肉热抹上糖色，晾冷后把肉开成9厘米宽的条，切火夹片。火夹片就是头一刀下去不把肉切断，切到肉皮部位止，第二刀下去把肉切断，称之为"火夹片"。之所以头刀下去不能把肉切断，那是为了在两片肉之间夹馅。火夹片成片时，每片肉不能少于5毫米厚，太薄了，肉片包不住馅。馅用的是豆沙，如果是干豆沙，那还要加点水、糖、油，经过炒制才能用。馅不能太干，油和水要稍微放重一点。一片火夹片包一点馅，依秩序摆放在盘子里。糯米先要煮成糯米饭，要煮熟，趁糯米饭热的时候去点猪油、红糖拌匀，然后定碗。定碗有两种方法，一种是定"一封书"，一种是定"万字形"。所谓"万字形"，就是4片肉为一个单位，横4片、竖4片，再横4片。家庭做这个菜用不着搞那么复杂，定成"一封书"就行了。肉片定好形后用糯米饭填满，然后将装好原料的碗放进蒸笼里去蒸，蒸熟后从笼中取出来翻盘，面上撒上点白糖就可以吃了。

家常冷菜技法

冷菜之一：凉拌

家常菜中的冷菜，家庭做得最多的是凉拌菜，其次可能是炸收菜、卤菜。凉拌菜不管是荤的、素的，或者是荤素结合的，大家都喜欢做，特别是在夏季。因为，第一，相对而言，凉拌菜制作起来比较快捷；第二，制作量便于掌握，可以根据用餐人数的多少来掌握。

对凉拌菜制作应该有正规的要求，也就是说做凉拌菜应该注意以下几方面：

首先，要注意食品卫生。因为有些凉拌菜不经过加热处理，菜拌好以后直接食用，所以对凉拌菜的食品卫生要求就应该特别严格，尤其是在夏季，原料的质地容易发生变化，稍不注意就可能引发消化系统疾病。在热天，一些人吃了东西拉肚子，往往都与吃了不干净的凉拌菜有一定关系。蔬菜一定要注意清洗干净，动物性原料一定要煮熟、煮透，而且最好原料存放的时间不要太久。譬如，今天要拌鸡吃，那么拌鸡的时间离开饭的时间最多提前两个小时，早晨把鸡煮熟、晾冷，到中午拌来吃就比较合适。不要头一天就把鸡煮熟，放到第二天才拿来拌。当然，现在各家各户基本上都有冰箱保存食物，但是冰箱保存食物也有一个缺点，就是会造成食物的水分流失，所以用冰箱里保存过的食物做菜，吃起来不嫩爽。以前鸡煮了以后不捞起来，让它泡在汤里，使它不失去水分，吃起来又嫩又爽。

其次，操作要讲卫生，包括操作者个人的卫生、用具的卫生。操作前，操作者的手要洗干净；操作中，能够不用手的尽量不用手，譬如拌菜的时候，能够用筷子、瓢拌的菜就不要用手去拌。切菜用的墩子、菜板，该烫的要烫。

再次，要掌握好冷菜的一些常用味型。家庭做凉拌菜大多数是根据自己的口味习惯来拌，多数对味型也没有概念，反正是这样抓点，那样抓点，拌莴笋是那个味道，拌折耳根也是那个味道，拌鸡丝同样是那个味道，总之，各个拌菜的味道都差不多。实际上，冷菜的味型很多，如果一桌菜里有两三个凉拌菜，你能拌出几种味道，那给人的感觉就不一样，更不要说席桌上了。如果在席桌上，几个凉拌菜都是一个味，那就显得单一了。不同味型有不同的特点，譬如，有的菜适合吃酸辣味，有的菜适合吃蒜泥味，有的菜适合吃姜汁味，有的菜适合吃麻辣味。家庭做冷菜应该多掌握几种调味的味型。

家庭做凉拌菜经常用的味型有以下几种：第一种是麻辣，第二种是红油味，第三种是蒜泥味，第四种是姜汁味，第五种是怪味。下面，我们就分别简单地给大家讲一讲这几种味型的调制过程。

第一种麻辣味。麻辣味是在红油味的基础上，加花椒面、熟油辣椒。像拌一些蔬菜，如拌莴笋丝、拌萝卜丝，就适合采用麻辣味，鸡也可以这样拌。麻辣味是突出麻味和辣味，也包含了咸味，虽然有一点甜味，但甜味不明显，甜是为了缓解辣。

第二种红油味。红油味的调味很简单，用酱油、辣椒油（不能加熟油辣椒），再加点白糖、味精，把它们调均匀就是比较常用的一种红油味。红油味虽然也带辣味，但是它辣得合适，回味又有一点带甜。像拌红油鸡块、拌红油舌片，这些菜吃起来就是有辣味，但辣得不厉害。

第三种蒜泥味。蒜泥味是用蒜泥、酱油、熟油辣椒、白糖调制而成的味型。在调制的过程中，先要用酱油来改白糖，用调羹底把酱油中的白糖研化，然后加熟油辣椒、红油、蒜泥，将这几种调料调制均匀再拌原料。

第四种姜汁味。姜汁味的主要用料是姜米子，加上盐、醋、香油一起调制而成。

第五种怪味。怪味是五味调和。调制怪味要用糖、醋，先用醋来改白糖，用调羹底把醋中的白糖研化，然后加点酱油、盐、熟油辣椒、花椒面、味精、芝麻酱或芝麻面调匀。怪味在口感上反映出来的是麻、辣、甜、咸、酸五种味道都有，所以人们称怪味是五味俱全。所谓"怪"，是指它用料比较广泛，譬如，在怪味里放点姜汁可不可以？当然可以；放点蒜泥可不可以？当然也可以；甚至以前还有人要放点糟蛋，这些都可以。再譬如拌怪味兔丁，还可以放点酥豆豉，就是把豆豉研茸，放进锅里用油炒一下。餐馆做的许多凉拌菜都不用酱油，即便放酱油那量也很少，就是放点盐，因为拌菜用了酱油，菜稍稍放久一点，颜色就变深了，不好看。那为啥拌兔肉要用豆豉呢？因为兔肉的草腥味重，豆豉则是压草腥味的上佳调料，拌兔子肉如果豆豉量不够，拌出来的兔肉味道不好吃。

做凉拌菜除了用上面几种味外，还有糖醋味、芥末味等。一些家庭做的糖醋味菜，虽然是以糖醋味为主，但是又加了熟油辣椒。行业内则不一样，调制糖醋味就只用糖、醋、盐、香油，不用熟油辣椒。有的家庭拌的萝卜丝，拌的是糖醋味，但又吃得出辣味、麻味，是麻、辣、甜、酸味，觉得好吃就好。莴笋也好，萝卜也好，都比较服醋，放一点醋，菜的味道就是不一样。有一些菜不需要放糖，但又不能缺醋，特别是拌野菜，醋就少不得。酸辣味既要吃得到醋的味道，又要吃得到熟油辣椒的辣味。譬如拌折耳根、拌马齿苋，拌这些野菜的时候都离不开醋，加了醋，菜吃起来就比较爽。有的人拌折耳根放糖，那菜吃起来说不清是啥味道。但话又说回来，"适口者珍"，这叫"吃酒不吃菜，各人心头爱"，家庭做菜没有那么多研究。不过，有条件的家庭，做菜还是讲究一点好。譬如说，家里请客要拌三样菜，那三样菜就拌三种味道、三种风味，这样自己吃起来好吃，客人吃起来也满意。味的变化、味的丰富正是体现在这些地方。

这里我要特别强调一下，凉拌菜绝对不能伤油。不能伤油的意思是，油不能放多了，家庭做凉拌菜一定要注意这个问题。有些调味品不用不行，但是要用得适度，有些调味品量用大了反而适得其反，既影响菜形美观，又影响味道，成了"画虎不成反类犬"。

如何把握好用调味品的度，我举一些具体菜例来说明这个问题。

还是用红油鸡块这道菜例来讲。

拌红油鸡块用的鸡要煮熟，煮鸡不能用大火，要用小火。煮鸡的时候，拍破一块整姜放进去，将整葱绾成把也放进去，有的还要丢几颗生花椒进去。在煮鸡的过程中要不断撇干净汤中的血泡子。血泡子撇干净后，改用小火慢慢焖，焖到用筷子或竹签轻轻一戳就能插入鸡肉时，把鸡捞起来晾冷。把葱切成节，鸡连骨砍成块也行，砍成条也行，一般来说，砍成块比较好。鸡砍成约 2 厘米或再稍大一点见方的块为好。然后对作料，如果吃红油味，就放点酱油、放点糖，用调羹底把酱油里的白糖研化，然后舀红油进去，先舀一部分红油，再放点味精，各种调料用多少要根据鸡块的量来决定。鸡块拌匀了以后下葱再拌，拌到盛具底部见不到多少作料，而且每一个鸡块都巴上了作料、巴上了味时，再放一点红油，再拌一下鸡块，红油鸡块便算拌成了。

如果是做怪味鸡块，那用的白糖还要多一点，采取同样的方法，用醋或酱油把白糖研化，然后再放点酱油、放点熟油辣椒，也可以放点香油、花椒面，把这些调料调均匀，倒入盛具中拌鸡块。

家庭做凉拌菜的主要原料可荤、可素、可荤素合拌。用熟料，要掌握一个煮法，用素料，要考虑盐渍，当然也有一个汆煮的问题。说具体、说透一点，煮鸡、煮肉都要经过汆煮。有些人煮鸡，水翻滚得大开，那汤倒是白了，但肉也煮老了。煮鸡要掌握火力大小，也就是说血泡子撇干净了以后要小火小开，煮到筷子、竹签能轻轻地戳进鸡肉时就煮熟了。煮熟的鸡肉有三种处理方法：一是把鸡捞起来，让它自然晾冷；二是让鸡继续泡在汤里，汤冷鸡也冷了；三是把鸡捞出来，趁热放进冷水里去紧一道，热鸡骤然遇冷鸡皮紧缩，鸡肉特别是鸡皮吃起来带脆。像山椒凤翅，用山椒水泡鸡翅膀，先也是把鸡翅膀煮熟，趁鸡翅膀烫时放进冷水里去漂，因为鸡翅膀皮多，所以整只鸡翅膀吃起来也是带脆。三种方法各有特点。第一种方法可以让鸡皮紧缩，吃起来带脆劲；第二种方法可以保持鸡肉组织的汁水量；第三种方法可以让鸡皮吃起来更为脆劲。当然，鸡肉好不好吃，还与鸡肉的质地有关系，凉拌鸡一般用公鸡或阉鸡做效果要好一些，用子公鸡做更好。老母鸡适合炖汤。

兔子肉的纤维粗，煮兔子肉也要用焖的方法，如果让汤翻滚地开，那兔子肉同样会被煮老。譬如做蒜泥白肉丝，肉煮熟就行了；煮猪脑壳肉，肉也不能煮得太炽，因为猪脑壳肉吃起来要带脆劲才有意思。有些人煮猪耳朵时，在煮熟了以后把猪耳朵捞起放进冷水里去紧一下，目的一是可以去掉点油，二是为了猪耳朵肉吃起来带脆。但如果我们要拌一个姜汁肘子，那肉就要煮得炽一点才好。姜汁肘子、姜汁拐肉适宜于热拌，不适宜于凉拌，甚至要去点热汤一起拌，这两个菜凉拌都没有热拌的效果好。

对素料的处理有两种方法，盐渍或者汆。有些人拌东西不喜欢码盐，无论是拌莴笋丝还是拌萝卜丝，都喜欢直接用调料来拌。他们不知道，码盐这道程序对拌凉菜很重要，第一，码盐可以先给原料一个基本味；第二，可以借用盐渗透的作用，从原料里追出一部分涩水，这样可以使原料的质地变脆。原料被追出一部分涩水后，要用清水淘一下，再将其水分挤干，然后才拌。

而对有一些素料的处理，又是通过煮的办法来解决。譬如干笋子，也就是我们通常喊的烟笋，除了要用水泡以外，还要煮。如果烟笋不煮几遍，上面的硫黄除不掉，吃到肚子里会损害健康。

对另一部分素料的处理，又是通过汆的方法来制熟。但需要注意：一要开水下锅，二要时间短，三是不能加盖，以免菜色变黄。譬如芹黄拌春笋、芹黄拌香干中用的芹黄，就必须先放进开水锅里汆熟，然后把芹黄捞起来，趁热加盐。再譬如拌菠菜、拌豇豆，对这些素料的处理就是用汆的方法。原料汆熟后，也是趁热码点盐，也要给它一点基本味，也就是说，除了作料给味是一个方面外，另外也要给材料本身一个基本味。芹菜也有不汆的，像拌肺片用的芹菜就是生芹菜，但即便这样，那也应该给芹菜码一点盐，给它一个基本味，用的芹菜要切成芹菜花。有些蔬菜可以生吃，有些蔬菜就不能生吃。譬如生豇豆，你能吃吗？生豇豆必须汩过了才能拌菜；芹菜春笋中的春笋也要煮熟了才能拌菜；如果是用冬笋，那也要煮熟了才能吃。再譬如虾仁拌蚕豆、虾仁拌青豆中用的虾仁、蚕豆，也要分别蒸过和煮熟，然后才能一起拌。这种对材料的处理方法是制作凉菜的一个关键问题。

也有不码盐就拌的凉菜，以前，对不码盐就拌的菜的这种制作方法，行业内谓之曰"活捉"。像莴笋尖现在就有一种吃法，菜的名字叫麻酱凤尾，那莴笋尖就没有码过盐，全是生拌的，我们就叫它活捉莴笋尖。拌折耳根也不码盐，是直接用调料拌折耳根，故大家叫它活捉折耳根。这讲的是对原料的初加工或者说是对半成品的加工。

下面讲讲如何使用调味品以及如何复制一些调味品。

第一个调味品，说一说家庭用得最多的熟油辣椒。家庭煎熟油辣椒，有的人掌握得比较好，有的人则掌握得不好。煎熟油辣椒要选择质地比较好的辣椒，把辣椒打成辣椒面，不能打得太细，煎红油用的辣椒面最好打粗一点。

熟油辣椒的具体煎法：油烧热、烧辣以后，不要急于把热油舀进装辣椒面的盛具里，马上把油倒进去，容易把辣椒面烫煳。最好先用少量冷油把辣椒面调散。锅里的油煎熟了关火，让油略略晾一下再倒进辣椒面盛具里搅匀即可。为什么要用冷熟油将辣椒面澥散？这有点像搅婴儿吃的米糕糕一样，搅米糕糕也是先用少量的冷开水把婴儿粉调散，然后才加开水搅，最后搅成米糕糕，这样制作，米糕糕才不会起籽籽、打饼饼。煎熟油辣椒与搅米糕糕，虽然所用原料和做出来的成品不一样，但是其道理却完全一样。那为啥辣椒不能打细呢？因为辣椒面打细了，煎出来的熟油辣椒容易浑油。餐厅里煎红油，一煎要煎几十斤，他们也是先用少量的冷油把辣椒面改调，然后才把略晾冷的热油倒进辣椒面里进行调制，这样，辣椒面就很容易调散，受热也比较均匀，煎出来的熟油辣椒颜色就好看。

第二个调味品，讲一讲甜红酱油的制作。烹制有些菜要求用红酱油，但是家庭一般都没有准备甜红酱油。自己制作的方法是：把酱油、白糖放进盛具里，用调羹底把白糖研茸、研化，如果临时撒点白糖进去，糖化不了，因为我们一般都是用粗砂糖，溶化比较难。拌怪味、红油味、蒜泥味都需要用红酱油。

第三个调味品，谈一谈花椒的保管。现在市场上有花椒面卖，自己做花椒面太麻烦。花椒这个东西很难"侍候"，保管它既要通风，但又不能太通风，花椒装在瓶子里捂的时间长了，椒味会逐渐淡化；太通风了，椒味也会跑。家庭保管花椒大多是用竹编或藤编的篓子，也有的人干脆用纱布口袋装，这些保管方法既让花椒透气，但又不太通风，花椒的香味可以保持久一点。为了减少保管的麻烦，家庭买花椒（或花椒面），一次不宜多，买一次，够用十天半个月就行了。

第四、第五个调味品给大家介绍一下蒜泥与姜汁的制作。市场上卖一种绞蒜的工具，名字叫"蒜绞绞"，蒜剥掉皮，切成小块，放进去一绞，出来的就是蒜泥。制作蒜泥也可以用刀背捶，不过，蒜见铁会翻黑，看起来不舒服。制作姜汁用的是老姜，要先把姜皮刮掉，然后把姜切薄片，先切成丝，再切成细末，放进醋里泡，加点盐，尽量把姜味追进醋里。拌糖醋黄瓜一类的菜，糖、醋的量用得比较重，要把这两样东西搅匀、搅得稠稠的成稀糊状。因为黄瓜一类的原料不容易巴起味，清汤寡水的调料根本巴不上去。这个调料的制作方法是，以醋来改糖，用调羹底把醋里的糖研茸、研化，然后加点盐、味精、香油调匀。这样制作出来的调料，才能巴上原料。

凉拌菜对刀工技术有一定要求，不过，家庭做凉拌菜刀工技术不一定要求那么严格。

拌菜的组配原则和热菜的组配原则一样。譬如拌鸡块，配料以配葱的多，配葱是配葱头子，即葱白。将葱白切成节，不能切成丁或马耳朵；如果是拌鸡片，那葱白就宜切成马耳朵；如果是拌鸡丝，那葱白就宜切成葱丝。在主辅料的搭配上，用的辅料不能太杂，一般来说，辅料只宜用一样，别动辄就整几样辅料进去。如果是拌荤料，那一样荤料就宜配一样素料。譬如鸡丝，你可以配葱丝，也可以配莴笋丝，也可以配绿豆芽。用绿豆芽配鸡丝，做出来的菜名字叫银芽鸡丝，绿豆芽与鸡丝都是丝状，很般配。拌银芽鸡丝也要加点葱丝，但这个葱丝是起小宾俏的作用，目的是给菜增加点味道，配料仍然是绿豆芽。因此，一般来讲，主料是片形的，葱宜切成马耳朵；主料是块形或条形的，葱就宜切成节；主料是丝状的，葱就宜切成葱丝。

以前调制怪味汁，芝麻酱用得比较重，有点带糊状。有的人做这个菜不仅用芝麻酱，还要用芝麻面、熟芝麻、芝麻油。这种做法我不是很赞成，芝麻酱在这里实际只是起增香的作用，再用芝麻面、芝麻油等，无非也是增加点香味，那么又何必用那么多芝麻酱，把鸡肉弄得黏糊糊的！怪味，就是突出麻、辣、甜、咸、酸五种味道，要增香，加点芝麻面或加点熟芝麻都行。依我看，单用一样都可以起增香的作用，而且这样制作出来的菜看起来也清爽些。

关于怪味，我想举例怪味兔丁。

拌怪味兔丁要加豆豉，把豆豉研茸，用油炒一下用。以前拌兔丁大多是用木瓢、大鱼碗，大鱼碗就是我们喊的土巴碗，土巴碗底部粗糙，用它拌菜容易拌匀。当作料调匀后，就把兔丁倒进去，搅均匀，抓点葱弹子进去，再搅匀后，即把拌好的兔丁转入盘子里。兔丁应该是干酥酥的，根本看不到汤汁，这才淋点红油，再撒点芝麻。总之，要让每块兔丁都巴上味，而且味还要很浓，吃到嘴里才舒服。

再讲一个菜例：蒜泥白肉丝。

为啥我不说蒜泥白肉而要说蒜泥白肉丝呢？因为做蒜泥白肉牵涉用什么火候煮肉的问题，还牵涉刀工的问题，同时还牵涉选料的问题。做蒜泥白肉不仅家庭感到难，而且行业内许多餐馆同样做不好。为什么呢？因为刀工技术不过硬。做蒜泥白肉丝则不一样，家庭可以用煮回锅肉的办法来煮肉，回锅肉的肉是煮至五成熟，但蒜泥白肉丝的肉是直接拌来吃，因此肉要基本煮熟，但是不能煮烂。肉煮熟了捞起来晾冷，趁热时把肉皮撕下来，拌蒜泥白肉丝不用肉皮，把不带皮的肉切成片，将就肉的长度切，不能像切回锅肉那样横切，要顺切，这样切出来的片张才大。肉片切好了，再切丝子，肉丝要肥瘦都有，把皮子切成丝一起拌也可以。皮子晾冷了切才不至于黏刀。拌的程序是：放红酱油、熟油辣椒，红油稍微放多一点，熟油辣椒稍微放少一点，加上蒜泥，将这几样作料和匀，把切好的白肉丝倒进去一起拌均匀，菜就做成了。蒜泥白肉丝还可以热拌热吃，容易入味。

最后讲一个菜例：拌红油耳片。

拌红油耳片用的猪耳朵要煮熟，但不能煮得太烂。猪耳朵肉煮熟后，放进冷水里或冷汤里泡一下，一热一冷，猪耳朵翻脆，吃起来口感好。把猪耳朵肉切成片。拌红油耳片可以适当放一点醋，皮肉重的东西放点醋效果更好一些，不过，它是在红油的基础上搭点醋。再具体点说，拌红油耳片是放酱油、糖、味精、红油，搭点醋，各种调料到底用多少，那要以原料的量来定，将各种调料与耳片一起拌匀，最后再放点马耳朵葱拌一下，红油耳片就算制作成功了。

以上举的都是凉拌荤菜，下面再举一些凉拌素菜，也是家庭称的"拌小菜"，这可能是我们居家过日子做得最多的凉拌菜。

【麻辣笋丝】

这里用的笋子是老笋子。将笋子用水浸泡，切也行，撕也行，不过以前多是将笋子撕成丝。笋丝要煮两次，煮过笋丝的水倒掉，笋丝捞起来后趁热码点盐，挤干水分。拌的时候，以熟油辣椒、花椒面为主，适当地放点味精也可以，但酱油不能放，因为笋丝本身颜色就深，再放酱油，那就真成了"黑加黑"了。把笋丝和几样调料一起拌匀，再去点葱丝拌一下，菜就制作成了。

【青笋拌折耳根】

青笋拌折耳根应该属于酸辣味的菜。以前做这个菜，青笋既不是切丝，也不是切条，而是切成韭菜叶子样的片，每片厚度大约是宽度的1/3，十二三厘米长。青笋丝切好后要放点盐码一下，然后用干净水冲洗，挤干水分。折耳根淘洗干净后也要用盐码一下。拌这个菜的调料有辣椒油、酱油、醋、味精，把这几种作料调匀，与青笋丝、折耳根一起拌。折耳根服醋，莴笋丝也服醋。许多家庭拌菜喜欢搭点醋，喜欢吃酸辣味。

【芹黄春笋】

所谓芹黄，以前是指芹菜心，现在泛指芹菜帮帮，也就是老百姓说的芹菜秆秆。把芹菜帮帮切成节，放进开水锅里汩熟。所谓汩，是指将芹菜节放进开水锅里的时间要短，不能太长，即倒进开水锅里稍微烫一下马上就捞起来，将芹菜节沥干水分，趁热放点盐码一码。把春笋切成小滚刀块，也放进开水锅里煮熟，捞起来后也放点盐码一码。然后放点香油、味精拌匀即成。这道菜是咸鲜味，吃起来非常爽口。如果不用春笋用五香豆腐干，把五香豆腐干切成丝，与芹黄一起拌，就叫芹黄香干。芹黄春笋和芹黄香干是可以上席桌的菜。春笋以前有一种吃法，叫烧拌春笋。它的春笋不是煮熟的，而是用微火㸆熟、烧熟的，它用的干辣椒也是用同样的方法烧香，不是在锅里炸熟或者炕熟，然后铡细，放点花椒面、盐一起拌均匀。这就是传统烧拌春笋的做法。

【姜汁豇豆】

这个菜用的豇豆是做泡菜用的泡豇豆。制作程序：先把豇豆放进开火锅里汩，这里讲的"汩"，不是把豇豆放进开水锅里冒一下，而是要把豇豆汩透、汩熟。豇豆里放点盐（有的还要放点香油，去香油的目的是保证菜的感官效果），待豇豆晾冷后切成节，用盐、香油把豇豆节搓一下，浇上姜汁再搓一搓。这里用的姜汁包括姜、醋、盐、酱油。姜汁这种做法，四季豆也可以做。家庭做的姜汁波菜，其作料就不仅是姜汁，还要放点酱油、熟油辣椒、味精、姜米子，然后一起拌匀。拐子肉、肘子肉也可以用这种方法拌，只不过是热拌，像以前的拌肥肠也是热拌。用猪肉做成的拌菜，冷拌都不如热拌好吃。

【糖醋黄瓜】

黄瓜处理成块形，用盐码一下，然后将糖醋汁倒进去一起拌。糖醋黄瓜用的糖醋汁要求浓稠，只有作料汁浓稠，味才巴得上去。这道菜的黄瓜不是切成块，而是用刀把黄瓜拍破，或用手把黄瓜掰成块来拌。黄瓜除了吃糖醋味，还可以吃蒜泥味，另外，还可以把黄瓜炝来吃。以前席桌上专门有一个冷菜，名字叫炝黄瓜皮，它是把黄瓜皮炝成糖醋味，需要加干辣椒和花椒一起炝，所以叫炝黄瓜皮。

冷菜之二：炸收、香卤

炸收菜只有少数家庭做，而且用的品种也不多，典型的家庭炸收菜恐怕要数糖醋排骨。其实，在不少的川菜炸收菜品中，荤的、素的都有。为啥叫炸收菜呢？因为其是用两种烹制方法结合制作出来的菜，即先炸后收制作出来的菜。行业内做的炸收菜品种很多，荤菜中像花椒鸡、花椒肉、陈皮鸡、陈皮兔、陈皮肉、葱酥鱼、葱酥鱼条、糖醋排骨、麻辣牛肉干、麻辣牛肉丝，等等；素菜中像收豆筋等。炸收菜中的所谓"收"，就是加汤、加味，收入味，收软活。炸，则是为了把原料定形。炸收菜的味多种多样，有麻辣味、咸鲜味、糖醋味，譬如，花椒鸡是煳辣味，麻辣牛肉干是麻辣味，糖醋排骨是糖醋味，芝麻肉丝是咸甜味，收豆筋是咸鲜味，等等。炸收菜一般以动物性原料为主。下面讲两个炸收菜例。

第一个菜例：糖醋排骨。

家庭做糖醋排骨的方法不统一，有的是先把排骨煮过，有的是先把排骨蒸过，有的甚至是用生排骨来炸收。做糖醋排骨比较好掌握的方法是，把排骨蒸熟了以后再来炸，这样做出来的糖醋排骨效果要好一些。做糖醋排骨要选用签子骨，也就是人们喊的肉排骨。把排骨宰成块，每块约5厘米或再长一点，给排骨块码上拍破的姜、葱，也可以去点盐、绍酒。然后将排骨送进笼中蒸，排骨蒸熟了，从蒸笼中取出来晾冷，让排骨收一部分水分，把姜、葱夹出来。锅中烧油，待油温升到七八成热时，把排骨放入油中炸定形，只要油炸进皮就行了，不能久炸，以防把排骨炸干了。排骨炸定形后，将油倒入原盛具中，腾出锅来炒糖。这个糖要有水又有油，有油，糖在炒制中就不会翻沙，但炒的时间久了，糖会炒苦；如果只有水，那炒来炒去，水一蒸发掉，糖就炒还原了。当糖炒到鼓大泡时，要马上把排骨倒下去一起炒。炒糖时可以下点醋，搅的时候下点醋也可以，总之糖里要加点醋。只要排骨都巴上糖醋汁就行了。

　　第二个菜例：花椒鸡。

　　花椒鸡用肉鸡就可以做，用土鸡做当然更好。做花椒鸡是用净鸡肉，不能带鸡骨。把净鸡肉砍成丁，用姜、葱、绍酒、盐码一下。锅里煎油，油煎辣后，把鸡丁倒下去炸，只要炸进皮，也就是只要鸡丁表面炸干燥、颜色有点变就行了，不能久炸。将炸好的鸡丁铲起来，锅里除留少量的油，接着将干辣椒节、花椒丢进锅里炒一下，掺汤，去点糖和盐吃味，然后把鸡丁倒下去，用小火收汁。收的菜一般不要加味精，因为菜收的时间相对比较长，过早下味精，容易产生质变。花椒鸡的调味不复杂，其成菜的特点是煳辣味，还有一个本味。花椒鸡里加点糖是为了增加菜的色泽，但是应吃不到明显的甜味。炸收菜便于批量生产，一次可以做一二十份来放着。以前做炸收菜都存放在罐子里。炸收菜多存放两天时间，它的味道还要好吃一些。花椒鸡就是现在有的人叫的辣子鸡，可以热吃，也可以冷吃，冷吃，它的味道要浓厚一些。

　　熏鱼条也是一道炸收菜，是把鱼砍成鱼条，码味后炸，鱼条炸好了再收。熏鱼条吃的是咸鲜味，烹制时下点姜、蒜米子，再放点盐、酱油、糖、绍酒一收，出来的菜就叫熏鱼条。如果收的时候加点剁细的泡辣椒，收出来的菜又叫辣子鱼条，是一道家常菜。

　　家庭平常做得多的菜是卤菜。卤菜，行业内将它分为两种，第一种是红卤，第二种是白卤。红卤带色，譬如卤鸡、卤鸭、卤肉，卤出来的东西带棕红色。白卤不带色，也不需要带色，因为有些东西不适宜红卤。譬如卤牛肉，牛肉本身色就比较深，如果再红卤，卤出来的颜色岂不更深了。鸡可以红卤，也可以白卤。红卤之所以出色，是因为用了糖色。有些卤菜，名字前还冠了其他名，譬如五香卤肉，它是五香味，但是除了五香味外，又略略带一点甜咸味。现在市场上卖的卤肉基本上没有甜味，就是纯咸味。白卤都是纯咸味。

卤菜的关键在于制卤水。根据一些老师傅们介绍的经验，以卤制5 000克货为例，大概要用清水4 000克、盐125克、白糖或者冰糖125克、醪糟125克、花椒50克、拍破的胡椒25克、八角50克、干香菌100克、豆油100克、葱100克、姜50克。香料有的要加点草果，有的还要加点桂皮、山奈。香料和花椒、胡椒最好用纱布口袋装起来。

卤水的具体制作方法：先用50多克猪油炒100克白糖或冰糖，糖炒化后下葱、姜、香菌焖一下，接着下绍酒、醪糟，掺水。水烧开了，下香料包，熬煮一下，下卤货。下卤货就是下肉或原料，卤制正式开始。

原来有的资料上讲，制卤水还要加香糟。成都地区做卤菜一般是用醪糟。冰糖要碎成小块或冰糖渣来用，没有冰糖用白糖也可以，白糖用油来炒，就是糖色，颜色炒深了，汤汁颜色翻红，所以称它为红卤。白卤与红卤的唯一不同点在于，白卤不加糖，但是它一样要用香料提鲜味，姜、葱在里面目的也是除异增香。卤水有一个特性，越卤卤水越香，第一次制作出来的卤水，鲜味肯定不够。有些人在卤水里加味精，那不对，谁都知道，味精长时间经过高温要变质。醪糟、绍酒在卤水里也是起除异增香的作用。有些人还在卤水里加丁香，我认为，香料加得过多过量反而不好，香味过重了闷人。

卤水用过后要妥善保管，把卤水烧开，晾冷，将卤水放进冰箱里冻起。第二次用卤水时，要酌情增加原料和调料，譬如，咸味不够就要加点盐，甜味不够了就要加点糖。卤水使用过一段时间后，该过滤的要过滤一下，用卤水卤肉类的东西多了，里面积存的脂肪肯定不少，得把多余的卤油取出来。卤东西时还要注意一个问题，有的原料腥味比较重，可以出水的还得先出水，就是将动物性原料放进开水锅里煮一煮，除去一部分或大部分血污。譬如卤鸭子，就应该先出一下水，以减少它的腥味，也去掉其一部分血污。卤水是越用越好，越用越鲜，因为卤水不可能是用一回起一回，而是反复用，这样一来，越来越多的鲜味物质就会

话说家常菜

不断地融入卤水里，所以卤的东西越多，卤水的质量就越好。卤水只要保持它的稳定性，就是说只要保持它的口味不变、风味不变就很好。

以前只要说到卤菜，人们就会讲盘飧市的卤菜卤得好。成都市盘飧市卤出来的东西，其颜色、口味都比一般餐厅卤出来的东西好。盘飧市做卤菜的历史比较长。

白卤不用糖，但一样要用香料，卤出来的东西是咸鲜味，带一点五香味。像卤牛肉、卤牛杂，都是白卤。你也许会问，那么肺片为什么也是白卤呢？因为肺片卤后还要拌。如果肺片卤成红卤的味道，那拌出来的肺片不知味会有多重，而且肯定会比白卤后拌出来的味道差得多。红卤的东西除香味外，还带有一点甜味。前面我讲了，红烧的东西不能加香料，加了香料就成卤肉的味道了，那你到底是吃红烧肉呢，还是吃五香卤肉呢？只要卤水起得好，卤的东西多了，荤的素的都卤过，卤出来的东西味道就会好。你说，那我卤条鱼行不行？卤鱼肯定不行。但能卤的东西很多，可以卤肉、卤杂，肉包括的面很宽——牛肉、猪肉、兔肉、鸭肉、鸽肉，蛋也可以卤，豆腐干也可以卤，豆筋同样可以卤。关键要记住一条，每次卤了东西后，一定要把卤水烧开；第二次使用卤水时，要重新调整它的口味；到一定时候，卤水要经过过滤，更换一些材料。譬如香料包，虽然不是用一次就更换，但也不能光用不换呀！口蘑也不能用许多次，当它的鲜味被取得差不多时，该换的就要换。现在有些人卤东西，喜欢在卤水里加点海椒或朝天椒，让卤出来的东西带辣味。

卤菜还要掌握好卤制时间。由于原料的性能不一样，其卤制的时间长短也肯定不一样，有些原料需要的时间要长一些，有些原料需要的时间要短一些，这全靠制作者掌握。

川菜二三事

四川泡菜坛子

在四川，家庭最不缺的就是泡菜坛子，有的家里甚至备有两三个泡菜坛子，有泡洗澡泡菜的坛子、泡辣椒的坛子、泡姜和陈年泡菜的坛子，专坛专用。四川制作的泡菜坛子以能泡出好泡菜而享誉四海。

四川的泡菜坛子巧在设计制作了一个陶瓷檐。陶瓷檐在距坛口约9厘米的位置，围坛成圈，形状就像一无顶的圆形博士帽。往檐圈内注水，然后用陶瓷钵倒扣盖住坛口，这样一来，坛内的泡菜和盐水与外界就隔绝了，坛内的气体可以冲破檐水层出来，外面的空气却无法进入坛内，细菌进不去，泡的菜也就不会坏。泡菜制作非常简单方便，一看就明白，一学就会。但是，泡菜好学不等于人人泡出来的菜都好吃，这中间也有学问。

泡菜好不好吃，与泡菜坛子的质量有直接关系。

做泡菜坛要用黏性强的土，俗称"糍粑土"，就是说，那土要像糍粑一样黏，这种土做出来的坛子不漏气，才能泡出好泡菜。买泡菜坛子要会选，因为不是每个坛子都可以泡出好菜来。选坛子要把握两条：一是要选檐口深的坛子。檐口深，注入的水深，盖上陶瓷钵才不至于漏气，坛子里的气体出得来，外面的空气进不去。好坛子泡菜，常能听到檐口处咕嘟咕嘟的气泡声，有的老人会说，泡菜坛子唱歌了，那是泡菜发酵产生气体外溢的声音。檐口不冒泡的坛子准是漏气坛子。二是买坛子时要看坛子漏不漏气。方法是，将空坛内部擦干，檐口注入水，把一张点燃的纸丢入坛内烧一下，然后用陶瓷钵盖住坛口，坛内空气受热膨胀外溢，好坛子，檐口处会咕嘟咕嘟地冒气水泡，不冒水泡的坛子就是漏气坛子。

泡菜人温兴发

温兴发是以前成都市非常有名的一位泡菜师傅，是四川制作泡菜的一代名师。温师傅是新都人，1917 年生。他 15 岁就到成都一家名叫万方饭店的餐馆当学徒，学的就是泡菜。他到 70 岁去世前一直在做泡菜，他跟泡菜打了近 60 年的交道。行业内和社会上送了他一个雅号——温泡菜。

温师傅泡的泡菜究竟好在哪里？

第一，温师傅在泡菜的操作过程中非常爱干净。我曾经在朵颐餐厅看见过温师傅泡泡菜。每天上班时间一到，温师傅便手拿一方干净帕子，像对待自己的儿女一样，挨个地把所有的泡菜坛子抹得干干净净；盖坛口的陶瓷钵，他从来不是用手去直接揭开，而是专门削了一把竹刀把陶瓷钵轻轻地撬起来；坛檐口的水该换的他全部要换成新鲜的干净水。

第二，据有一些老师傅讲，温师傅用来泡菜的盐水大多时间都比较长，有的泡菜坛子的盐水已经有几十年的历史了。那盐水舀起来，不仅颜色似菜油那样黄亮黄亮的，连那浓稠度都如同菜油一样，并且无丝毫杂质，十分干净。

第三，温师傅泡的泡菜，即使是已经泡了几年，菜捞起来，客人吃起来的感觉依然就像是头天泡的菜一样，鲜脆如新，就如我们喊的"洗澡泡菜"一样。

第四，温师傅做泡菜还有一个绝招，别人泡的子姜即便泡成黑色了，但只要姜心还没有黑透，交给他通过重新泡制，可以把黑子姜的颜色改转来，依然是淡黄鲜脆。

芙蓉鸡片的由来

芙蓉鸡片是川菜中的传统菜，但是不是地道的川菜，还无肯定的说法。它之所以被称为芙蓉鸡片，是指芙蓉鸡片做出来以后形状有点像白芙蓉花。

芙蓉鸡片有三种做法。第一种做法是孔道生老师傅告诉我的。过去，成都有一家餐馆名叫北洋餐馆洞青云。有一次，孔师傅看到这家餐馆的一位厨师做芙蓉鸡片的方法是用油冲的，就是把鸡脯子捶茸，去掉筋后，加水、蛋清、盐，再加点胡椒面，调成稀糊状，根据浓稠，加汤再改成鸡浆，烧一锅猪油，油的量大一点，待油温达到一定程度后，用炒瓢舀一瓢鸡浆，顺锅边倒下去，让其向下梭成片状；过一会儿，从油中将其捞起来，用好汤泡起。这种制作方法叫"冲芙蓉鸡片"。

第二种方法是将"冲"改成"摊"。摊的时候，锅里有油不现油，温度不能太高，否则容易起煳点。将鸡浆在锅里摊成蛋皮状，一片一片的，然后铲起来，用好汤泡起。

两种做法各有特点。用"冲"的方法做，鸡片颜色好，雪白，但张片形成要差一些，有厚有薄，如果在汤里浸泡的时间不够，油脂会略显重一些。用"摊"的方法做，鸡片厚薄比较均匀，但颜色要差一些，因为它毕竟要巴锅，结果鸡片要么有时泛黄，要么有时出现煳点。从质上讲，虽然它的张片薄，但是嫩度不如用"冲"的方法做出来的芙蓉鸡片。但是它们各有千秋，各有特点。这讲的是半成品的处理。

最后将半成品烩成菜，加冬笋片，有时加点丝瓜皮，没有丝瓜皮可以加菜心，还可以再加点鲜菌片，想颜色更好看点，还可以加两三片番茄，用汤稍微烩一下，扯点清芡菜便做成了。这个菜特别适合老年人、小孩吃，是咸鲜味。

这两种做法在行业里流行了很多年。后来，我在一次偶然的机会中又发现了另一种新的做法，很有特点。

记得那是 20 世纪 80 年代中期，成都大专院校搞烹饪培训，我在当时的四川医学院①外专食堂吃饭，他们做的菜肴中有一道菜也叫芙蓉鸡片。那个芙蓉鸡片既不是"摊"的，也不是"冲"的，是蒸的。

具体做法：方盘里抹一点油，把调好的鸡浆倒进去，荡成薄薄的一层，在笼中蒸一下，待成片后提起来改刀。这种方法既保住了半成品的颜色美观，又省时间，唯一的缺点是厚度难掌握。如果把这个问题解决了，三种做芙蓉鸡片半成品的方法中，我倒是倾向于蒸的方法。第一，它不上油，因为其本身就不是从油锅里起来的；第二，颜色好，因为它没有经过在锅里"摊"的过程。

---

① 四川医学院，1985 年改名华西医科大学，2000 年改名四川大学华西医学中心。

姜汁热味鸡的四种做法

姜汁热味鸡又名姜汁热窝鸡。这里的姜汁是针对冷菜中的姜汁而言，因为冷菜中也有姜汁味的，如姜汁脆肚、姜汁鸭掌、姜汁鱿鱼等，它们都是冷姜汁。姜汁热味鸡的做法多种多样，但用的都是热鸡、热姜汁。

第一种，家常姜汁热味鸡。做鸡前，先炒一点豆瓣，以增加豆瓣的风味，因此有人又把它称作家常姜汁鸡。这道菜是用烧的方法制作。

第二种，用传统的烧法来制作姜汁热味鸡。要用姜米，主要突出姜和醋的香味，烧好后搭一点辣椒油，和匀即成。起锅搭辣椒油，行业内称其为"姜汁鸡搭红"。

第三种，有人说的姜汁热窝鸡。做法是把鸡砍成条形，定碗，上蒸笼蒸。走菜时，把碗里的鸡条扣到盘子里，浇上冷姜汁，菜就成了。这种做法尽管姜汁是冷的，但因为鸡是热的，所以吃起来还是热菜的感觉。

第四种，姜汁热味鸡的正宗做法。先把姜汁放入油中炒出香味，掺汤，加点盐、胡椒吃味，有条件的可以加点绍酒，然后倒入鸡块烧；烧入味后勾芡，汁收浓了，搭醋，下味精，有的还放点葱花，亮汁亮油，也就是有汁有油，至此菜就做成了。这种做法纯粹为了突出姜醋味，姜醋既醒酒，又爽口。

四种姜汁热味鸡风味各不一样。我对厨师讲，如果客人只点姜汁热味鸡，你就按照规范的方法烹饪；如果客人提出要搭豆瓣，你就按照家常姜汁热味鸡的方法烹饪；如果客人提出搭红，你就给搭点红油。搭红，有一种辣椒油的风味；蒸的姜汁热味鸡吃起来可能比另三种姜汁热味鸡还要爽口，因为姜汁没有下锅，又没有放过芡，所以吃起来要爽口一些。这种菜特别适宜夏、秋季节吃。定碗的姜汁热味鸡，我认为上席桌都可以，只要把料子选好，把条开匀。

百年前的个子菜

我曾经整理过三本烹饪资料，其中两本是手抄本。抄本之一，出书时间是清同治五年（1866年）；抄本之二，出书时间应在20世纪20年代前后，抄本所记录的菜也应该是这以前的菜。另外还有一本清宣统元年（1909 年）的《成都通览》，里面有介绍成都饮食的内容，所介绍的菜应该是百年以前的菜了。

这里，我只谈谈几样百年前的个子菜。个子菜是以前餐饮业的习惯叫法，主要指那些成菜大方美观、内容丰富或用料较为高档、制作较为考究的一类菜式，也包括以整形上桌的如全鸡、全鸭、全鱼、全猪(乳猪)等一类菜式。个子菜主要用于筵席或客人预定出堂。在一些筵席、零点的餐厅，个子菜也可以供应零餐客人。

第一道个子菜，名叫罐耳鸡。

很长时间我都没有搞清楚，为什么这道菜的名字中要用耳朵的"耳"字？后来通过整理资料，我才弄清楚，其实它不应该用耳朵的"耳"字，应该用儿子的"儿"字，叫罐儿鸡才对，就是说，它包出来的形状有点儿像小罐罐。"罐儿鸡"还有一种叫法——叉烧鸡。叉烧鸡又可以分两种，一种叫叉烧全鸡，一种叫叉烧鸡，区别在于一个用网油包，一个不用网油包。做叉烧全鸡与做烤鸭、烤鹅的方法一样，不用网油裹，也不酿里子。叉烧鸡又有一种叫法，叫包烧鸡，用网油将原料包在一起，然后才烧烤。这几个菜的名字我在资料上都见过。

在我整理的一本资料中，有两处谈到罐儿鸡，一处叫罐儿炙鸡。史料上有介绍它的做法：去皮肉酿，网油裹，裹了以后蒸，蒸了以后炸，炸了以后片。另一处叫烧罐儿桶鸡。史料上介绍它的做法：裹蛋清豆粉，用网油包，上叉子。这个菜流传下来的做法与史料上介绍的做法有点不一样。第一，它是蒸了以后才炸；第二，史料上只写了用肉。而现在的做法是，把肉切成肉丝，另外加冬菜、泡辣椒拌起，再将其酿进鸡腹腔内裹紧，用网油包，抹蛋清豆粉，再上烧烤用的叉子，然后拿到明炉上去烤，在烤的过程中加香油，烤到皮酥肉熟，再将鸡取下来改刀。怎么改刀？要用刀把酥皮单独取下来，切成片状，摆到一边；将鸡解散，把馅抖出来放到中间；再将鸡肉砍成条，摆到另一边。这个菜是叉烧，不是炸。

但也有厨师做这个菜时是用炸的方法。这位厨师就是北京四川饭店的陈松如师傅，他给这个菜另取了一个名字，叫荷包鸡。就这件事，我曾当面问过陈师傅："做这道菜，你为什么要炸呢？"当时他回答我说："我们有时上席桌一次要上二三十桌，都要用叉子叉着去烤，一把叉子得一个人掌握，哪找那么多人来掌握着叉子烤，所以我就想了用炸的办法来解决。"正因为这个原因，他也就把菜名改名荷包鸡了。罐耳鸡、罐儿鸡、包烧鸡、荷包鸡，其基本风味都差不多。罐儿鸡还有一种做法，可以烧，就是当把鸡弄成"包烧鸡"那种形状以后拌，炸了以后再烧。

第二道个子菜，名字叫全景鱼生。

这道菜也是那本史料上唯一关于火锅的资料。"鱼生"，说穿了就是生鱼片。那为啥又叫"全景"呢？就是说，它用的不只是一种生片。史料上面的文字是这样写的："用生片，大曲酒泡，各种生片备齐。"

各种生片，应该要包括我们经常用的腰片、鸡片、肉片、牛肉片、肝片、腊肝等。

虽然史料上没有写"火锅"二字，但这一大堆生料拿来咋个吃？那只有涮和烫。因此我说这道菜讲的是火锅。如果这道菜讲的真是火锅的话，那就是说100多年以前，火锅已经作为一种菜上菜谱了。

在我从史料上看到的2 000多个百年菜品种中，确实没有一处提到"火锅"二字，只有"全景鱼生"这一条。严格地讲，上生片应包括上蔬菜，以前的席桌格式，有上菊花锅的，有上生片锅的，如果这道菜是作为火锅上的，那么就意味着火锅上席的历史比较悠久。

史料上有一道菜，名字叫什锦狮子头。这就是第三道个子菜。这个什锦狮子头是在做狮子头时，要加一些东西进去，比如在肉里要加火腿、口蘑、香菇、虾仁。按照传统狮子头的做法来要求，现在的狮子头没有做对。传统狮子头的做法：肥肉、瘦肉按比例搭配，肥肉切丁颗，瘦肉宰细，然后和起来拌，拌好了，有的是爝，有的是炸。现在做的狮子头应该叫大肉丸，全部是用肉末来做的。浙江有一道菜，名字叫蟹粉狮子头，它是在狮子头里加蟹粉，是煨出来的，不炸，是一道带汤汁的菜，其肥肉、瘦肉比例为倒三七开，三成瘦肉，七成肥肉。这个菜给我们一个启示，做狮子头，在肉里还可以加其他一些原料，但要加得合适。

讲一讲东坡菜的演变，这也是我要讲的第四道个子菜。在史料上用东坡命名的菜还有两道：一个叫东坡肥鸡，一个叫东坡鱼。史料上面介绍东坡肥鸡的做法："鸡红烧，加冰糖、加五香粉，砍块走油，二流芡。"

史料上介绍的做法秩序颠倒了。规范操作应该是：先将鸡砍块，然后炸，也就是走一下油。红烧的烹制方法，按照以前的做法是，放点糖色、放点盐，吃的是咸鲜味。但是，东坡菜的特点是甜咸味，所以史料上讲，要加点冰糖，还要加香料，也就是说，吃起来味不仅是甜咸味，还要有五香味。史料上讲用二流芡，那就是说，它烧的汁比较宽，一般做烧肉都是自然收汁，用不着收芡。做东坡肥鸡则要求走菜时还要挂二流芡。加冰糖的这种烧法，在家庭做的板栗烧鸡、板栗烧肉中都能见到，这种烹制方法实际上是从东坡肉演变而来的。

再说做东坡鱼。史料上是这样记载的："鱼用鸡蛋、面。"我分析，它是指将鸡蛋与面粉混合在一起，调成糊状，然后裹鱼。鱼是全鱼还是砍成条块不得而知。鱼裹好了以后炸，炸了以后红烧，这种做法是从东坡肉演变而来的。上述两个菜有一个共同点，就是红烧。

下面讲第五道个子菜。

我要讲的这个菜就是现在蛋黄蟹的"老祖宗"，但它的名字不叫蛋黄蟹，也不叫金沙蟹，而是叫"桂花螃蟹"。百年前做桂花螃蟹与现在做蛋黄蟹的不同之处在于，第一，要用鸡蛋；第二，要用火腿；第三，要用咸蛋黄，也就是说，它不是纯粹用咸蛋黄，它是用鸡蛋炒，另外再加点火腿，增加鲜味，然后才加点咸蛋黄，炒出来的菜硬是[1]没啥丢头。

在古籍菜谱上我还看到一个菜，名字叫桂花蹄筋。这是一道制作比较简单的菜，但是好多人就是把这个菜做不好。

这道菜的做法：用热油将猪蹄筋进行发制，让蹄筋起蜂窝眼呈海绵状；用温开水氽蹄筋，多氽几次，以便把蹄筋的油脂去掉一部分；将蹄筋水分挤干。把鸡蛋调散，加点盐、胡椒，把蹄筋倒进去一起拌，因为蹄筋呈海绵状，它要吸进一部分蛋液。然后锅里下油，将蹄筋倒进油锅里炒，蹄筋炒散了以后撒点葱花下去和匀，起锅即成。桂花蹄筋很好吃。以"桂花"冠名的菜，一般都应该用鸡蛋。在以前的菜谱上还有桂花鱼翅、桂花瑶柱，它们是炒蛋里加点鱼翅或加点干贝进去。这两道菜不是把原料和在一起拌，所以说尽管它们冠名相同，都用了"桂花"二字，但在具体运用

---

[1] 硬是，四川方言，真的是的意思。

上还是有一定区别的。

我要讲的第六道个子菜，名字比较雅，也是大家没有见过的菜，名字叫清风肘子。其做法：把肘子煮好，用荷叶包起，上笼蒸，最后灌汤，同味碟一起上。取名清风，是取荷叶清香之意。这个菜作为夏季食品，还是一道比较有特色的菜肴。

几道被遗忘的百年菜

我再给大家介绍几道被人们遗忘的百年菜。这些菜，说它是半成品也好，是配料也好，无关紧要，重要的是我们本不应该遗忘它们。

第一个菜是虾扇。

"虾扇"这个菜名，在《成都通览》上频繁出现，不过《成都通览》把"扇"字写错了，写成了膳食的"膳"字。因为《成都通览》还有一道菜，名字叫凤尾虾扇，其中的"虾扇"和这里介绍的虾扇应该是同一种东西。先把河虾的头、壳剥掉，虾尾留着，在虾肉上加点干豆粉，用刀背将虾肉排成扇形，然后放进汤中氽一下。这个半成品叫虾扇。虾扇，一般在高级的汤中作为配料来使用，它的形状很好看，像一把小扇子一样。别说虾扇怎么做，可能连这道菜究竟是啥模样，近几十年都无人见过，甚至可以说，连"虾扇"这个菜名可能都没有听人提到过。现在市场上有一道菜，名字虽然不叫虾扇，用的也不是河虾而是大对虾，其名叫虾排，但它的制作方法同虾扇的做法一样，也是把虾的头、壳去掉，用刀背将虾肉排过，码料酒、姜、葱、盐，然后扑上干豆粉，在蛋液中拖一转，黏上面包糠，放进锅里炸出来，挂上鱼香汁。制作者给这个菜取名叫鱼香虾排。取鱼香虾排的名字，可能是受了西式菜肴的影响。西菜中就有牛排、猪排，但它用的原料并不是牛肉排骨、猪排骨，而是用的猪肉、牛肉中的精瘦肉，用刀背将肉排松，再码味，扑上干豆粉，拖上蛋液，黏上面包糠，然后炸，炸了以后开条。因此我说，鱼香虾排受了西式菜肴的影响。中国百年前就有这种做法了。你看虾扇与虾排的做法，是不是有点异曲同工？

第二个菜是鱼面。

它的做法：把鱼的刺剔干净，用净鱼肉，捶得极茸，加干豆粉和面粉，用擀面杖去擀，将其擀成薄薄的面皮，用刀切成面条，将面条放进开水里汆出来。鱼面也是作为配料使用。鱼翅就是用鱼面打的底，或者是直接用于做菜。这种做法是对原料的一种精加工制作方法。鱼面在现在的市场上也见不到了。

第三个菜是麻腐。

麻腐这个菜很考人，我在整理史料的时候看到一个菜，名字叫芝麻脯海参，后面又写的是麻酱，至此我才豁然明白过来，其实它的名字应该叫麻酱海参。那么，芝麻脯又是什么东西呢？通过查阅史料，我终于弄明白了这个问题，所谓芝麻脯，其实就是有些地方喊的麻腐，有些地方是喊的麻豆腐。麻腐也是一种半成品，是作为配料使用的半成品，当然它也可以直接成菜。

麻腐的制作方法：将豆粉调制成浆，把芝麻炒熟、炒香，用擀面杖擀细；把豆粉浆倒进锅里，一边加热一边搅动，就像做凉粉那样搅，一边搅一边将芝麻面倒进去，搅得成熟度差不多时，用铲子铲入盘中，像做鸡糕、打锅炸做法那样，让它冷却成糕状，然后改刀，你想改成什么样子就改成什么样子。这个菜就叫麻腐，或者叫麻豆腐。如果你想吃甜的，搅浆时加点糖进去就可以了。总之，它是经过加工的半成品，如麻腐海参，就是用麻腐打的底。

在史料上我还看到一个菜，名字叫走油麻腐。所谓走油，就是炸过的意思。史料上还另外给它取了一个名字，叫麻腐糕，是把麻腐开成条后炸，炸了以后撒点糖或者是淋点糖水上去，是作为甜食上桌。

多少年以来，我在川菜中都没有看见过这个菜。我问一些老师傅，他们说也没有看见过。麻腐这个菜我是从清朝一本名叫《养小录》的书上看到过，以后我又从更早的一本名叫《本草拾遗》的书中看到过。

我常说，有些东西久了不用就会逐渐失传，到后来，好多人就不知道了，如果没有文字记载保留下来，再好的东西也会消失。以麻腐来说，在我们今天的菜谱中也有麻酱海参，但是我们就不知道该用什么东西来做垫底。海参吃起来柔韧有劲，用蔬菜就配不起，用芝麻腐相配，恰恰就能取得相得益彰的效果。

这些被人们遗忘了的百年菜只是很少的一部分，但也足以反映出先辈在烹饪技术上不断追求的精神，针对在此之前的传统川菜来讲，它们同样也是一种发展、一种创新。